21世纪应用型本科院校规划教材

电子技术基础实验教程（第2版）

主编　单　峡　邓全道
副主编　张静静　杨　莉

南京大学出版社

图书在版编目(CIP)数据

电子技术基础实验教程 / 单峡,邓全道主编. —2 版.
—南京:南京大学出版社,2016.11(2023.12 重印)
21 世纪应用型本科院校规划教材
ISBN 978 - 7 - 305 - 17881 - 8

Ⅰ. ①电… Ⅱ. ①单… ②邓… Ⅲ. ①电子技术—实验—
高等学校—教材 Ⅳ. ①TN - 33

中国版本图书馆 CIP 数据核字(2016)第 272353 号

出版发行　南京大学出版社
社　　址　南京市汉口路 22 号　　邮　　编　210093
丛 书 名　21 世纪应用型本科院校规划教材
书　　名　**电子技术基础实验教程(第 2 版)**
主　　编　单　峡　邓全道
责任编辑　单　宁　　　　　　　编辑热线　025 - 83596923
照　　排　南京开卷文化传媒有限公司
印　　刷　广东虎彩云印刷有限公司
开　　本　787×1092　1/16　印张 14.25　字数 353 千
版　　次　2016 年 11 月第 2 版　2023 年 12 月第 5 次印刷
ISBN 978 - 7 - 305 - 17881 - 8
定　　价　38.00 元

网　　址:http://www.njupco.com
官方微博:http://weibo.com/njupco
官方微信号:njupress
销售咨询热线:(025)83594756

目　录

第一章 基本电子元器件识别及常用电子仪器认知

1.1 基本电子元器件识别

1.1.1 电阻

电阻(Resistance,通常用"R"表示)是所有电路中使用最多的元件之一。在物理学中,用电阻来表示导体对电流阻碍作用的大小。导体的电阻越大,表示导体对电流的阻碍作用越大。不同的导体,电阻一般不同,电阻是导体本身的一种特性。电阻元件是对电流呈现阻碍作用的耗能元件。因为物质对电流产生的阻碍作用,所以称其该作用下的电阻物质。电阻将会导致电子流通量的变化,电阻越小,电子流通量越大,反之亦然。

电阻的基本单位是欧姆,用希腊字母"Ω"表示,欧姆常简称为欧。表示电阻阻值的常用单位还有千欧($k\Omega$),兆欧($M\Omega$)。

电阻阻值的标识方法一般有数字法以及色环法两种。

1. 数字法

通常由于贴片电阻面积比较小,在标识阻值的时候一般用数字法来表示。

数字法是指用三位数字表示阻值,前二位表示片状电阻器标称阻值的有效数字,第三位表示"0"的个数,或用 R 来标识小数点的位置。如标有 104 的电阻表示 10×10^4 Ω,即 100 $k\Omega$;标有 5R1 的电阻为阻值为 5.1 Ω。

2. 色环法

所谓色环法既是用不同颜色的色标来表示电阻参数。色环电阻有 4 个色环的,也有 5 个色环的,各个色环所代表的意义如表 1.1 所示。

表 1.1　色环对照表

颜色	阻值	倍乘数	公差
黑色	0	$\times1$	—
棕色	1	$\times10$	$\pm1\%$
红色	2	$\times100$	$\pm2\%$
橙色	3	$\times10^3$	—
黄色	4	$\times10^4$	—
绿色	5	$\times10^5$	$\pm0.5\%$

颜色	阻值	倍乘数	公差
蓝色	6	$\times 10^6$	$\pm 0.25\%$
紫色	7	$\times 10^7$	$\pm 0.1\%$
灰色	8	$\times 10^8$	$\pm 0.05\%$
白色	9	$\times 10^9$	—
金色		$\times 0.1$	$\pm 5\%$
银色		$\times 0.01$	$\pm 10\%$

读取色环电阻的参数,首先要判断读数的方向。一般来说,表示公差的色环离开其他几个色环较远并且较宽一些。判断好方向后,就可以从左向右读数。

4 色环电阻从左向右的前 2 条色环表示电阻的有效值,第 3 条表示倍乘数,最后一条表示误差值。例如,某 4 色环电阻的颜色从左到右依次是红(2),紫(7),黄($\times 10\ 000$),银(正负 10%),则此电阻的阻值为 27 Ω$\times 10\ 000 = 270\ 000$ Ω,也就是 270 kΩ,公差为正负 10%。

5 色环电阻从左向右的前 3 条色环表示电阻的有效值,第 4 条表示倍乘数,最后一条表示误差值。例如:某 5 色环电阻的颜色从左到右依次是红(2),绿(5),蓝(6),红($\times 100$),棕(正负 1%),则此电阻的阻值为 256 Ω$\times 100 = 25\ 600$ Ω,也就是 25.6 kΩ,公差为正负 1%。

1.1.2　电容

电容器是一种储能元件。常用的电容器种类有电解电容、云母电容、陶瓷电容等。在电路中常用于调谐、滤波、耦合、旁路、能量转换和延时等。

电容器的容值标注方法

(1) 用 2~4 位数字和一个字母表示法。

用 2~4 位数字和一个字母表示标称容量,其中数字表示效数值,字母表示数值的量级。字母为 m、u、n、p。字母 m 表示毫法(10^{-3}F)、u 表示微法(10^{-6}F)、n 表示毫微法(10^{-9}F)、p 表示微微法(10^{-12}F)。字母有时也表示小数点。如 33 m 表示 33 000 μF;47 n 表示 0.047 μF;3 μ 3 表示 3.3 μF;5n9 表示 5 900 pF;2p2 表示 2.2 pF。另外也有些是在数字前面加 R,则表示为零点几微法,即 R 表示小数点,如 R22 表示 0.22 pF。

(2) 不标单位的直接表示法。

这种方法是用 1~4 位数字表示,容量单位为 pF。如用零点零几或零点几表示,其单位为 μF。如 3 300 表示 3 300 pF、680 表示 680 pF、7 表示 7 pF、0.056 表示 0.056 pF。

(3) 电容量的数码表示法。

一般用三位数表示容量的大小。前面两位数字为电容器标称容量的有效数字,第三位数字表示有效数字后面零的个数,它们的单位是 pF。如 102 表示 1 000 pF;221 表示 220 pF;224 表示 22×10^4 pF。在这种表示方法中有一个特殊情况,就是当第三位数字用"9"表示时,是用有效数字乘上 10^{-1} 来表示容量的。如 229 表示 22×10^{-1}pF 即 2.2 pF。

（4）电容量的色码表示法

色码表示法是用不同的颜色表示不同的数字。具体的方法是：沿着电容器引线方向，第一、二种色环代表电容量的有效数字，第三种色环表示有效数字后面零的个数，其单位为 pF。颜色意义：黑＝0、棕＝1、红＝2、橙＝3、黄＝4、绿＝5、蓝＝6、紫＝7、灰＝8、白＝9。如遇到电容器色环的宽度为两个或三个色环的宽度时，就表示这种颜色的两个或三个相同的数字。如沿着引线方向，第一道色环的颜色为棕，第二道色环的颜色为绿，第三道色环的颜色为橙色，则这个电容器的容量为 15 000 pF 即 0.015 μF；又如第一宽色环为橙色，第二色环为红色，则该电容器的容量为 3 300 pF。

1.1.3 电感

电感（inductance of an ideal inductor）是闭合回路的一种属性。当线圈通过电流后，在线圈中形成磁场感应，感应磁场又会产生感应电流来抵制通过线圈中的电流。这种电流与线圈的相互作用关系称为电的感抗，也就是电感，单位是"亨利（H）"。

电感器的种类很多，而且分类方法也不一样。通常按电感器的形式分，有固定电感器、可变电感器、微调电感器。按磁体的性质分，有空芯线圈、铜芯线圈、铁芯线圈和铁氧体线圈。按结构特点分有单层线圈、多层线圈、蜂房线圈。

各种电感线圈都具有不同的特点和用途。但它们都是用漆包线、纱包线、镀银裸铜线，绕在绝缘骨架上或铁芯上构成，而且每圈与每圈之间要彼此绝缘。为适应各种用途的需要，电感线圈做成了各式各样的形状，如图 1.1 所示。

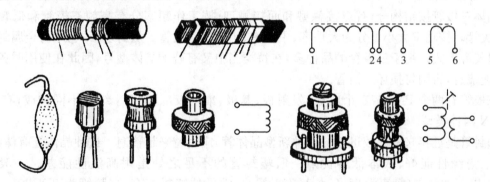

图 1.1 电感器及其电路符号

1.1.4 半导体器件

半导体器件（semiconductor device）。通常这些半导体材料是硅、锗或砷化镓，可用作整流器、振荡器、发光器、放大器、测光器等器材。为了与集成电路相区别，有时也称为分立器件。半导体器件绝大部分二端器件（即晶体二极管）的基本结构是一个 PN 结。利用不同的半导体材料、采用不同的工艺和几何结构，研制出种类繁多、功能用途各异的多种晶体二极管，可用来产生、控制、接收、变换、放大信号和进行能量转换。晶体二极管的频率覆盖范围可从低频、高频、微波、毫米波、红外直至光波。三端器件一般是有源器件，典型代表是各种晶体管（又称晶体三极管）。晶体管又可以分为双极型晶体管和场效应晶体管两类。除了作为放大、振荡、开关用的一般晶体管外，还有一些特殊用途的晶体管，如光晶体管、磁敏晶体管，场效应传感器等。这些器件既能把一些环境因素的信息转换为电信号,又有一般晶体管的放大作用得到较大的输出信号。此外,还有一些特殊器件,如单结晶体管可用于产生锯齿波,可控硅可用于各种大电流的控制电路,电荷耦合器件可用作摄像器件或信息存储器件等。在通信和雷达等军事装备中,主要靠高灵敏度、低噪声的半导体接收器件接收微弱信号。随着微波通信技术的迅速发展,微波半导体低噪声器件发展很快,工作频率不断提高,而噪声系数不断下降。微波半导体器件由于性能优异、体积小、重量轻和功耗低等特性,在防空反导、电子战、C(U3)I 等系统中已得到广泛的应用。

1. 晶体二极管

晶体二极管按材料分有锗二极管、硅二极管、砷化镓二极管。按结构不同可分为点接触型二极管和面接触型二极管。按用途分有整流二极管、检波二极管、变容二极管、稳压二极管、开关二极管、发光二极管等。

判别二极管极性及好坏:

将万用表欧姆档的量程拨到 R×100 Ω 档或 R×1 kΩ 档,同时表针调零,用万用表表笔分别搭接二极管的两端,观测电阻值,然后调换两表笔再观测电阻值,若一次阻值大(二极管为反偏),一次阻值小(二极管为正偏),说明二极管是好的。一般硅二极管的正向电阻为几 kΩ,反向电阻→∞;锗二极管的正向电阻为几百 Ω,反向电阻为几百 kΩ。且电阻值小的那次黑表笔表所接触端为二极管阳极,红表笔所接触端为二极管阴极。若两次电阻同时都很大、或同时都很小,说明二极管已损坏。

2. 晶体三极管

晶体三极管按结构分,有点接触型和面接触型;按工作频率分有高频三极管和低频三极管、开关管。按功率大小可分为大功率、中功率、小功率三极管。从封装形式分,有金属封装和塑料封装等形式。由于三极管的品种多,在每类当中又有若干具体型号,因此在使用时务必分清,不能疏忽,否则将损坏三极管。

三极管有两个 PN 结,三个电极(发射极、基极、集电极)。按 PN 结的不同构成,有 PNP 和 NPN 两种类型。

塑封管是近年来发展较迅速的一种新型晶体管,应用越来越普遍。这种晶体管有体积小、重量轻、绝缘性能好、成本低等优点。但塑封管的不足之处是耐高温性能差。一般用于 1250 ℃ 以下的范围(管壳温度 T 小于 750 ℃)。常见的塑封管有:高频管为 3DG201-204、3DG1674、3DG945 等。中功率管为 3DX204、3DX815、DA1514 等。大功率管为 3DD206、DS31、DS33、3DD408 等。

确定三极管的三个电极以及类型:

(1) 确定基数 b 及分辨三极管类型。

利用 PN 结正向的电阻小,反向电阻大的原理找基极并确定类型,步骤如下:先将万用表的表笔固定在某一管脚上,用另一支表笔去碰其余两管脚。若测得两次电阻都大或都小,再调换固定表笔再测另两管脚的电阻。满足两次都小或都大时才能确定固定表笔所接端是基极。若不符合上述结果,则可任换固定表笔所接管脚重复上述过程直到找出基极为止。

当两次阻值都小时,固定表笔是黑表笔则该管为 NPN 型,若固定表名为红表笔则为 PNP 型管。

（2）判别 C 和 E 极及硅管或锗管。

如待测的管子为 PNP 型锗管，先将万用表拨至 R×1 k 挡，测出基极以外的另两个电极，得到一个阻值，再将红、黑表笔对调测一次，又得到一个阻值，在阻值较小的那一次中，红表笔所接的那个电极就为集电极，黑表笔所接的就为发射极。对于 NPN 型锗管，红表笔接的那个电极为发射极，黑表笔所接的电极为集电极。如图 1.2(a)(b)所示。

对于 NPN 型硅管可在基极与黑表笔之间接一个 100 K 的电阻，用上述同样方法，测出基极以外的两个电极间的阻值，其中阻值较小的一次黑表笔所接的为集电极，红表笔所接的电极就为发射极，如图 1.2(c)所示。

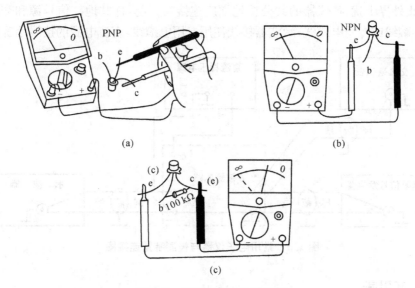

图 1.2　三极管电极判别方法

1.1.5　集成电路

集成电路(Integrated Circuit，简称 IC)是 20 世纪 60 年代初期发展起来的一种新型半导体器件。它是经过氧化、光刻、扩散、外延、蒸铝等半导体制造工艺，把构成具有一定功能的电路所需的半导体、电阻、电容等元件及它们之间的连接导线全部集成在一小块硅片上，然后焊接封装在一个管壳内的电子器件。其封装外壳有圆壳式、扁平式或双列直插式等多种形式。

集成电路具有体积小，重量轻，引出线和焊接点少，寿命长，可靠性高，性能好等优点，同时成本低，便于大规模生产。它不仅在工、民用电子设备如收录机、电视机、计算机等方面得到广泛的应用，同时在军事、通讯、遥控等方面也得到广泛的应用。用集成电路来装配电子设备，其装配密度比晶体管可提高几十倍至几千倍，设备的稳定工作时间也可大大提高。

集成电路按其功能、结构的不同，可以分为模拟集成电路、数字集成电路和数/模混合集成电路三大类。模拟集成电路又称线性电路，用来产生、放大和处理各种模拟信号(指幅度随时间变化的信号)。例如半导体收音机的音频信号、录放机的磁带信号等)，其输入信号和输出信号成比例关系。而数字集成电路用来产生、放大和处理各种数字信号(指在时间上和幅度上离散取值的信号)。例如 3G 手机、数码相机、电脑 CPU、数字电视的逻辑控制和重放的音频信号和视频信号)。

1.2　常用电子仪器认知

在模拟电子电路实验中,经常使用的电子仪器有示波器、函数信号发生器、直流稳压电源、交流毫伏表及频率计等。它们和万用电表一起,可以完成对模拟电子电路的静态和动态工作情况的测试。

实验中要对各种电子仪器进行综合使用,可按照信号流向,以连线简捷,调节顺手,观察与读数方便等原则进行合理布局,各仪器与被测实验装置之间的布局与连接如图1.3所示。接线时应注意,为防止外界干扰,各仪器的共公接地端应连接在一起,称共地。信号源和交流毫伏表的引线通常用屏蔽线或专用电缆线,示波器接线使用专用电缆线,直流电源的接线用普通导线。

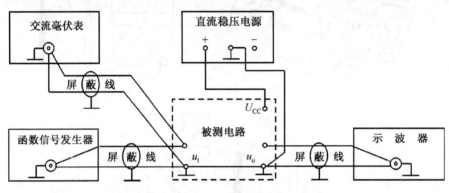

图1.3　常用电子仪器与被测装置连接图

1.2.1　万用表

万用表有时也被称为三用表——主要测量电压、电流、电阻。准确的说,它能够测量直流电压、交流电压,直流电流和电阻值,还能测量晶体管的直流放大倍数,检测二极管的极性,判别电子元器件的好坏,有的还可测量电容和其它参数。它是一种多功能、易操作、便携式小型测量仪表。

万用表有指针式和数字式两大类。指针式万用表小巧结实,经济耐用,灵敏度高,但读数精度稍差;数字式则读数精确,显示直观,有过载保护,但价格较贵。

1. 指针型万用表

万用表的准确零位非常重要,否则测出的参量就失去了意义,犹如市场上买东西时要校准称盘一样。万用表的调零分为机械调零和电位器调零两种,具有不同的适用场合。

(1) 调零。

(a) 电流、电压的调零——使用机械调零

在测量电流或电压之前,将连接面板插口正、负极的两根表棒悬空,观察表头指针是否向左满偏,指在零位上,如不在零位,可适当调整表盖上的机械零位调节螺丝,使其恢复调至零位上,测试的电流电压读数才会准确。

注意:万用表在使用中很少进行机械调零,并且教师不建议学生自行使用机械调零。当遇到需要机械调零的万用表,一般应交给指导教师操作。

（b）电阻调零——使用电位器调零

测量电阻共有 5 个档位，每个档位下，都需要重新使用调零电位器，以保证准确的零位。因此，几乎每次测量电阻前，都需要对万用表进行电阻调零。

在测量电阻之前，将连接面板插口正、负极的两根表棒短接，观察表头指针是否向右满偏，指在零位上，如不在零位，可适当左右调整电阻调零电位器，使其调至零位上。

（2）测量。

（a）电阻测量

为了能够测量不同数量级的电阻，一般万用表都设有 $\Omega \times 1 \sim \Omega \times 10\ \mathrm{k}$ 共五个档位，且共用表头中第一条欧姆标尺刻度。转换开关所选欧姆值与指针偏转读数以倍率关系计算。指针指在不同位置的读值应乘以所选档位的欧姆数，即为所测电阻的数值。

由于零欧姆电阻调零不能覆盖五个档位，故每换一档量程，就必须调零，以确保测量电阻的精确度。通过换档，使指针位于表头中部时读数精度最高。

为了保证测量电阻的准确性，有以下几点注意：

① 保证电阻不和其他导电体连接，避免出现并联。不要用双手接触电阻，避免将人体电阻与被测电阻并联；尽量不要在电路中测量电阻，其他电路很可能称为并联电阻，因此，最好将电阻拆卸下来测量。

② 选择合适的档位，使得指针尽量处于右顶端偏左 1/3 处。

③ 准确调零。

④ 正确读取测量值。

（b）直流电压测量

指针式万用表的直流电压测量范围从 1 V～500 V 共五个档位。测试直流电压时，把转换开关换至直流电压量程档，根据被测电压大小，应从大到小选定量程，再将万用表插孔的＋、－极性通过表棒并联接入待测电路，在表头第二条刻度（具有 V 标识符）的线上找出相应读值。转换开关所选值为指针向右满偏时的读值，指针指在不同位置，读数应按比例计算。通过换档，使指针位于表头中部时读数精度最高。

（c）直流电压测量

磁电式结构万用表测量交流电压时，刻度标尺上标出的是正弦交流电的有效值，因此，万用表的交流电压档只能测正弦交流电压且读数为有效值，仅适合测量 45～1 000 Hz 频率范围内的电压。

交流电压的测量范围从 10 V～500 V 共三档。测试交流电压的方法与测试直流电压的方法相同，只须将转换开关选至交流电压量程范围。

若测量小于 10 V 的交流电压，考虑到二极管非线性因素的影响，特别设置了第三条刻度标尺线，测量方法及读数方法与测量直流电压方法相同。

（d）直流电流测量

指针式万用表的直流电流测量范围从 50 μA～500 mA 共五个档位。测试直流电流时，根据被测电流大小，先将转换开关选至合适的直流电流量程档。如不确定，应从大到小选定量程，再将万用表插孔的＋（红色）、－（黑色）极性通过表棒按正入负出原则，把万用表串联接入待测电路，在表头第二条刻度（具有 MA 标识符）的线上找出相应读值。转换开关所选值为指针向右满偏时的读值，指针指在不同位置，读数应按比例计算。通过换档，使指针位于表头中部时读数精度最高。

（e）指针式万用表使用中的安全注意

① 不能带电测量电阻

测量一个电阻的阻值，必须保证电阻处于无源状态，也就是测量时，电阻上没有其他的电源或者信号。特别在电路板带电工作时，严禁测量其中的电阻。否则，除测量结果没有意义外，一般都会将万用表的保险丝烧毁。

② 不能超限测量

超限测量是指万用表指针处于超量程状态。此时，万用表指针右偏至极限，极易损坏指针。发生超限测量，一般是由于量程不合适造成。选择合适的量程或者在外部增加分压、分流措施都可以避免超限测量。

③ 不要让万用表长期工作于测量电阻状态

万用表仅在测量电阻时消耗电池。因此，为了让万用表电池工作更长的时间，在不使用万用表时，一般应将量程转换开关置于直流或者交流 500 V 档。

④ 不要随意调节机械调零

测量电阻时需要调节调零电位器，是因为不同的电阻档位需要不同的附加电阻，并且电池电压一直在变化。而机械调零在出厂调好后，一般不需要调整。因此，不要随意调节机械调零。

⑤ 在万用表测量高电压时，务必注意不要接触高压。

万用表的表笔脱离表体、导线漏电等，都有可能导致触电。因此，在测量高电压时，测试者一定要保持高度警觉。

2. 数字型万用表

数字电压表由 RC 阻容滤波器、A/D 转换器（双积分式）、LCD 液晶显示器组成。而数字万用表则是在此基础上增加了交流-直流（AC-DC）、电流-电压（A-V）、电阻-电压（Ω-V）几部分转换器组建而成，其设计采用大规模集成电路，原理框图如图 1.4 所示：

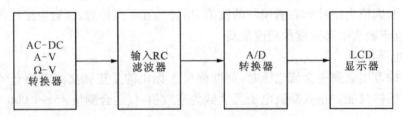

图 1.4　数字万用表原理框图

一般数字万用表可以用来测量直流和交流电压、直流和交流电流、电阻、电容、二极管及晶体管 h_{FE} 和频率。而且多数具有自动调零、极性选择、过量程显示和读数保持功能。数字万用表面板功能如表 1.2 所示：

表 1.2　数字万用表面板功能介绍

名称	开关、插孔及端口	状态及功能
LCD 显示窗口	工作状态时	自动显示相应档位所测数值及极性
拨动式开关	POWER（电源开关）	OFF：电源关断 ON：电源打开
	HOLD（保持开关）	HOLD：当前数据保持在显示器上

名称	开关、插孔及端口	状态及功能
晶体管（NPN、PNP）h_{FE}测试插孔	晶体管（PNP）h_{FE}测试插孔	测试 PNP 型晶体管的 h_{FE} 参数时，插在左侧 E、B、C 测试插孔
	晶体管（NPN）h_{FE}测试插孔	测试 NPN 型晶体管的 h_{FE} 参数时，插在右侧 E、B、C 测试插孔
电容测试插孔	CX 电容测试插孔	测试电容时，插在 CX 插孔
量程转换开关	30 个档位量程及功能选择	先按不同测量的需要选择功能键；再按从大到小使用原则选择量程档。
四个输入端口 V/Ω/f(红表棒) COM(黑表棒) mA 10 A	测量电压、电阻、频率、二极管	将红表棒（＋）接入 V/Ω/ f端口；将黑表棒（－）接入 COM 端口。
	测量电流	将红表棒（＋）接入 mA、10 A 端口；将黑表棒（－）接入 COM 端口。
	测量电导	将红表棒（＋）接入 V/Ω/ f端口；将黑表棒（－）接入 mA 端口。

数字万用表测量电压、电流以及电阻的方法和指针万用表基本相同，只是在测量电阻时因为数字万用表有自动调零功能所以不用进行人工调零。但是在使用数字万用表的时候应该注意以下几点：

① 将 ON－OFF 开关置 ON 位置，察看电池是否充足。若显示器上出现 ⊟+ 符号，表示电池电压低。此表在低电压下工作，读数可能出错，为避免错误的读数造成错觉而导致电击伤害，显示低电压符号时应及时更换电池。

② 在输入插口旁的 " ⚡ " 与 " ⚠ " 符号是用来警告输入电压或电流不可超过表上指定极限，否则会造成仪表损坏。

③ 测量时，须明确面板结构与各部位的作用，并将各功能开关与量程档位配合使用。量程开关所指数值为该档量程的上限值。若显示器显示溢出标记 "1"，表明量程选值太小，应将量程转至数值较大的档位上。若不能确定被测参数的范围时，量程档选择应遵循由大到小的原则。

④ HOLD 开关只有需要保持当前数据时才拨动向右，其余时间应拨向左边。

⑤ 不要在量程开关为 Ω 位置时，测量电压或电流值。

⑥ 养成良好的习惯，测完后将电源开关置 OFF 位置。

1.2.2　示波器

1. 示波器说明和功能

我们可以把示波器简单地看成是具有图形显示的电压表。普通的电压表是在其度盘上移动的指针或者数字显示来给出信号电压的测量读数。而示波器则与共不同。示波器具有屏幕，它能在屏幕上以图形的方式显示信号电压随时间的变化，即波形。

示波器和电压表之间的主要区别是：

① 电压表可以给出祥测信号的数值,这通常是有效值即 RMS 值。但是电压表不能给出有关信号形状的信息。有的电压表也能测量信号的峰值电压和频率。然而,示波器则能以图形的方式显示信号随时间变化的历史情况。

② 电压表通常只能对一个信号进行测量,而示波器则能同时显示两个或多个信号。

2. 示波管和电源系统

(1) 电源(Power)。

示波器主电源开关。当此开关按下时,电源指示灯亮,表示电源接通。

(2) 辉度(Intensity)。

旋转此旋钮能改变光点和扫描线的亮度。观察低频信号时可小些,高频信号时大些。一般不应太亮,以保护荧光屏。

(3) 聚焦(Focus)。

聚焦旋钮调节电子束截面大小,将扫描线聚焦成最清晰状态。

(4) 标尺亮度(Illuminance)。

此旋钮调节荧光屏后面的照明灯亮度。正常室内光线下,照明灯暗一些好。室内光线不足的环境中,可适当调亮照明灯。

3. 垂直偏转因数和水平偏转因数

(1) 垂直偏转因数选择(VOLTS/DIV)和微调。

在单位输入信号作用下,光点在屏幕上偏移的距离称为偏移灵敏度,这一定义对 X 轴和 Y 轴都适用。灵敏度的倒数称为偏转因数。垂直灵敏度的单位是为 cm/V, cm/mV 或者 DIV/mV,DIV/V,垂直偏转因数的单位是 V/cm,mV/cm 或者 V/DIV,mV/DIV。实际上因习惯用法和测量电压读数的方便,有时也把偏转因数当灵敏度。

双踪示波器中每个通道各有一个垂直偏转因数选择波段开关。波段开关指示的值代表荧光屏上垂直方向一格的电压值。例如波段开关置于 1 V/DIV 档时,如果屏幕上信号光点移动一格,则代表输入信号电压变化 1 V。

每个波段开关上往往还有一个小旋钮,微调每档垂直偏转因数。将它沿顺时针方向旋到底,处于"校准"位置,此时垂直偏转因数值与波段开关所指示的值一致。逆时针旋转此旋钮,能够微调垂直偏转因数。垂直偏转因数微调后,会造成与波段开关的指示值不一致,这点应引起注意。许多示波器具有垂直扩展功能,当微调旋钮被拉出时,垂直灵敏度扩大若干倍(偏转因数缩小若干倍)。例如,如果波段开关指示的偏转因数是 1 V/DIV,采用×5 扩展状态时,垂直偏转因数是 0.2 V/DIV。

在做数字电路实验时,在屏幕上被测信号的垂直移动距离与+5 V 信号的垂直移动距离之比常被用于判断被测信号的电压值。

(2) 时基选择(TIME/DIV)和微调。

时基选择和微调的使用方法与垂直偏转因数选择和微调类似。时基选择也通过一个波段开关实现。波段开关的指示值代表光点在水平方向移动一个格的时间值。例如在 1 μs/DIV 档,光点在屏上移动一格代表时间值 1 μs。

"微调"旋钮用于时基校准和微调。沿顺时针方向旋到底处于校准位置时,屏幕上显示的时基值与波段开关所示的标称值一致。逆时针旋转旋钮,则对时基微调。旋钮拔出后处于扫描扩展状态。通常为×10 扩展,即水平灵敏度扩大 10 倍,时基缩小到 1/10。例如在 2 μs/

DIV 档,扫描扩展状态下荧光屏上水平一格代表的时间值等于 $2\ \mu s \times (1/10) = 0.2\ \mu s$。

示波器的标准信号源 CAL,专门用于校准示波器的时基和垂直偏转因数。例如 VD622 型示波器标准信号源提供一个 $VP-P = 0.5\ V$,$f = 1\ kHz$ 的方波信号。

示波器前面板上的位移(Position)旋钮调节信号波形在荧光屏上的位置。旋转水平位移旋钮(标有水平双向箭头)左右移动信号波形,旋转垂直位移旋钮(标有垂直双向箭头)上下移动信号波形。

4. 输入通道和输入耦合选择

(1) 输入通道选择。

输入通道至少有三种选择方式:通道 1(CH1)、通道 2(CH2)、双通道(ALT)。选择通道 1 时,示波器仅显示通道 1 的信号。选择通道 2 时,示波器仅显示通道 2 的信号。选择双通道时,示波器同时显示通道 1 信号和通道 2 信号。测试信号时,首先要将示波器的地与被测电路的地连接在一起。根据输入通道的选择,将示波器探头插到相应通道插座上,示波器探头上的地与被测电路的地连接在一起,示波器探头接触被测点。示波器探头上有一双位开关。此开关拨到"×1"位置时,被测信号无衰减送到示波器,从荧光屏上读出的电压值是信号的实际电压值。此开关拨到"×10"位置时,被测信号衰减为 1/10,然后送往示波器,从荧光屏上读出的电压值乘以 10 才是信号的实际电压值。

(2) 输入耦合方式。

输入耦合方式有三种选择:交流(AC)、地(GND)、直流(DC)。当选择"地"时,扫描线显示出"示波器地"在荧光屏上的位置。直流耦合用于测定信号直流绝对值和观测极低频信号。交流耦合用于观测交流和含有直流成分的交流信号。在数字电路实验中,一般选择"直流"方式,以便观测信号的绝对电压值。

1.2.3 信号发生器

函数信号发生器按需要输出正弦波、方波、三角波三种信号波形。输出电压最大可达 $20\ V_{P-P}$。通过输出衰减开关和输出幅度调节旋钮,可使输出电压在毫伏级到伏级范围内连续调节。函数信号发生器的输出信号频率可以通过频率分档开关进行调节。

函数信号发生器作为信号源,它的输出端不允许短路。以 VD1641 函数信号发生器为例,其面板按键功能说明如下:

(1) 电源开关(POWER)接入开;

(2) 功能开关(FUNCTION):波形选择;

$\sim$:正弦波

$\sqcap\sqcup$:方波和脉冲波(具有占空比可变)

$\wedge\vee$:三角波和锯齿波(具有占空比可变)

(3) 频率微调 FREQVAR:频率复盖范围 10 倍;

(4) 分档开关(RANGE - HZ):10 Hz~2 MHz(分六档选择);

(5) 衰减器(ATT):开关按入时衰减 30 dB;

(6) 幅度(AMPLITUDE):幅度可调;

(7) 直流偏移调节(DC OFF SET):

当开关拉出时:直流电平为 $-10\ V$~$+10\ V$ 连续可调;

当开关按入时:直流电平为零;

(8) 占空比调节(RAMP/PULSE):

当开关按入时:占空比为 50%～50%;

当开关拉出时:占空比为 10%～90%内连续可调;

频率为指示值÷10;

(9) 输出(OUTPUT):波形输出端;

(10) TTL OUT:TTL 电平输出端;

(11) VCF:控制电压输入端;

(12) IN PUT:外测频输入;

(13) OUT SIDE:测频方式(内/外);

(14) SPSS:单次脉冲开关;

(15) OUT SPSS:单次脉冲输出。

1.2.4　毫伏表

常用的单通道晶体管毫伏表,具有测量交流电压、电平测试、监视输出等三大功能。交流测量范围是 100 mV～300 V,5Hz～2 MHz,共分 1、3、10、30、100、300 mV,1、3、10、30、100、300 V 共 12 档。现将其基本使用方法介绍如下:

1. 开机前的准备工作

(1) 将通道输入端测试探头上的红、黑色鳄鱼夹短接。

(2) 将量程开关置于最高量程(300 V)。

2. 操作步骤

(1) 接通 220 V 电源,按下电源开关,电源指示灯亮,仪器立刻工作。为了保证仪器稳定性,需预热 10 秒钟后使用,开机后 10 秒钟内指针无规则摆动属正常。

(2) 将输入测试探头上的红、黑鳄鱼夹断开后与被测电路并联(红鳄鱼夹接被测电路的正端,黑鳄鱼夹接地端),观察表头指针在刻度盘上所指的位置,若指针在起始点位置基本没动,说明被测电路中的电压甚小,且毫伏表量程选得过高,此时用递减法由高量程向低量程变换,直到表头指针指到满刻度的 2/3 左右即可。

(3) 准确读数。表头刻度盘上共刻有四条刻度。第一条刻度和第二条刻度为测量交流电压有效值的专用刻度,第三条和第四条为测量分贝值的刻度。当量程开关分别选 1 mV、10 mV、100 mV、1 V、10 V、100 V 档时,就从第一条刻度读数;当量程开关分别选 3 mV、30 mV、300 mV、3 V、30 V、300 V 时,应从第二条刻度读数(逢 1 就从第一条刻度读数,逢 3 从第二刻度读数)。例如:将量程开关置"1 V"档,就从第一条刻度读数。若指针指的数字是在第一条刻度的 0.7 处,其实际测量值为 0.7 V;若量程开关置"3 V"档,就从第二条刻度读数。若指针指在第二条刻度的"2"处,其实际测量值为 2 V。以上举例说明,当量程开关选在哪个档位,比如,1 V 档位,此时毫伏表可以测量外电路中电压的范围是 0～1 V,满刻度的最大值也就是 1 V。当用该仪表去测量外电路中的电平值时,就从第三、四条刻度读数,读数方法是,量程数加上指针指示值,等于实际测量值。

3. 注意事项

(1) 仪器在通电之前,一定要将输入电缆的红黑鳄鱼夹相互短接。防止仪器在通电时因外界干扰信号通过输入电缆进入电路放大后,再进入表头将表针打弯。

(2) 当不知被测电路中电压值大小时,必须首先将毫伏表的量程开关置最高量程,然后根据表针所指的范围,采用递减法合理选档。

(3) 若要测量高电压,输入端黑色鳄鱼夹必须接在"地"端。

(4) 测量前应短路调零。打开电源开关,将测试线(也称开路电缆)的红黑夹子夹在一起,将量程旋钮旋到 1 mV 量程,指针应指在零位(有的毫伏表可通过面板上的调零电位器进行调零,凡面板无调零电位器的,内部设置的调零电位器已调好)。若指针不指在零位,应检查测试线是否断路或接触不良,应更换测试线。

(5) 交流毫伏表灵敏度较高,打开电源后,在较低量程时由于干扰信号(感应信号)的作用,指针会发生偏转,称为自起现象。所以在不测试信号时应将量程旋钮旋到较高量程档,以防打弯指针。

(6) 交流毫伏表接入被测电路时,其地端(黑夹子)应始终接在电路的地上(成为公共接地),以防干扰。

(7) 交流毫伏表表盘刻度分为 0~1 和 0~3 两种刻度,量程旋钮切换量程分为逢一量程(1 mV、10 mV、0.1 V……)和逢三量程(3 mV、30 mV、0.3 V……),凡逢一的量程直接在 0~1 刻度线上读取数据,凡逢三的量程直接在 0~3 刻度线上读取数据,单位为该量程的单位,无需换算。

(8) 使用前应先检查量程旋钮与量程标记是否一致,若错位会产生读数错误。

(9) 交流毫伏表只能用来测量正弦交流信号的有效值,若测量非正弦交流信号要经过换算。

(10) 注意:不可用万用表的交流电压档代替交流毫伏表测量交流电压(万用表内阻较低,用于测量 50 Hz 左右的工频电压)。

1.2.5　频率特性测试仪

1. 频率特性测试仪的工作原理

频率特性测试仪(简称扫频仪),主要用于测量网络的幅频特性。它是根据扫频法的测量原理设计而成的。简单地说,就是将扫频信号源和示波器的 X - Y 显示功能结合在一起,用示波管直接显示被测二端网络的频率特性曲线,是描绘网络传递函数的仪器。这是一种快速、简便、实时、动态、多参数、直观的测量仪器,广泛地应用于电子工程等领域。例如,无线电路,有线网络等系统的测试、调整。

频率特性测试仪主要由扫频信号发生器,频标电路以及示波器等组成。检波探头(扫频仪附件)是扫频仪外部的一个电路部件,用于直接探测被测网络的输出电压,它与示波器的衰减探头外形相似(体积稍大),但电路结构和作用不同,内藏晶体二极管,起包络检波作用。由此可见,扫频仪有一个输出端口和一个输入端口:输出端口输出等幅扫频信号,作为被测网络的输入测试信号;输入端口接收被测网络经检波后的输出信号。可见,在测试时频率特性测试仪与被测网络构成了闭合回路。

扫频信号发生器是组成频率特性测试仪的关键部分,它主要由扫描电路,扫频振荡器,稳幅电路和输出衰减器构成。它具有一般正弦信号发生器的工作特性,输出信号的幅度和频率均可调节。此外它还具有扫频工作特性,其扫频范围(即频偏宽度)也可以调节。测量时要求扫频信号的寄生调幅尽可能小。

2. 频率特性测试仪的使用

(1) 检查示波器部分:检查项目有辉度、聚焦、垂直位移和水平宽度等。首先接通电源,预热几分钟,调节"辉度,聚焦,Y轴位移",使屏幕上显示度适中,细而清晰,可上下移动的扫描基线。

(2) 扫频频偏的检查:调整频偏旋钮,使最小频偏为±0.5 MHz,最大频偏为±7.5 MHz。

(3) 输出扫频信号频率范围的检查:将输出探头与输入探头对接,每一频段都应在屏幕上显示一矩形方框。频率范围一般分三档:0~75 MHz,75~50 MHz,150~300 MHz,用波段开关切换。

(4) 检查内、外频标:检查内频标时,将"频标选择"开关置"1 MHz"或"10 MHz"内频标,在扫描基线上可出现 1 MHz 或 10 MHz 的菱形频标,调节"频标幅度"旋钮,菱形频标幅度发生变化,使用时频标幅度应适中,调节"频偏"旋钮,可改变各频标间的相对位置。若由外频标插孔送入标准频率信号,在示波器上应显示出该频率的频标。

(5) 零频标的识别方法:频标选择放在"外接"位置,"中心频率"旋钮旋至起始位置,适当旋转时,在扫描基线上会出现一只频标,这就是零频标。零频标比较特别,将"频标幅度"旋钮调至最小仍出现。

(6) 检查扫频信号寄生调幅系数:用输出探头和输入探头分别将"扫频信号输出"和"Y轴输入"相连,将"输出衰减"的粗细衰减旋钮均置 0 dB,选择内频标(如 1 MHz),在屏幕上会出现一个以基线为零电平的矩形图形,调整中心频率度盘,扫频信号和频标信号都会移动,调节显示部分各旋钮,使图形便于观测,记下最大值 A,最小值 B,则扫频信号寄生调幅系数为 $M=(A-B)/(A+B)\times100\%$,要求在整个波段内,M7.5%.

(7) 检查扫频信号非线性系数:"频标选择"开关置于"1 MHz",调节"频率偏移"为 7.5 MHz,记下最低,最高频率与中心频率 f_0 的几何距离 A,B,则扫频信号非线性系数为 $\gamma=(A-B)/(A+B)\times100\%$,要求在整个波段内,$\gamma20\%$。

(8) "1 MHz"或"10 MHz"频标的识别方法:找到零频标后,将波段开关置"Ⅰ","频标幅度"旋钮调至适当位置,将频标选择放在"1 MHz"位置,则零频标右边的频标依次为1 MHz,2 MHz……。将频标选择放在"10 MHz"位置,则零频标右边的频标依次为 10 MHz,20 MHz……,两大频标之间频率间隔 10 MHz,大频标与小频标之间频率间隔 5 MHz。

(9) 波段起始频标的识别方法:"频标幅度"旋钮调至适当位置,频标选择放在"10 MHz","频率偏移"最小。将波段开关置Ⅱ,旋转"中心频率"旋钮,使扫描基线右移,移动到不能再移的位置,则屏幕中对应的第一只频标为 70 MHz,从左到右依次为 80 MHz,……,150 MHz.将波段开关置Ⅲ,则屏幕中对应的第一只频标为 140 MHz,识别频标方法相同。

(10) 扫频信号输出的检查:将两个输出衰减均置于 0 dB。将输出探头与输入检波探头对接(即将两个探头的触针和外皮分别连在一起)。这时,在扫频仪的荧光屏上应能看到一个由扫描基线和扫描信号线组成的长方图形。然后调整中心频率刻度盘,随着中心频率的变化,扫描信号线和频标都随着移动。要求在整个频段内的扫描信号线没有明显的起伏和畸变。并检查扫描信号的输出衰减和 Y 轴增益钮是否起作用。

3. 频率特性测试仪的使用注意事项

(1) 测量时,输出电缆和检波探头的接地线诮尽量短,切忌在检波头上加接导线;被测网络要注意屏蔽,否则易引起误差。

(2) 当被测网络输同端带有直流电位时,Y 轴输放应选用 AC 耦合方式,当被测网络输入端带有直流电位时,应在扫频输出电缆上串接容量较小的隔直电容。

(3) 正确选择探头和电缆。BT-3 测试仪附有四种探头及电缆:

① 输入探头(检波头):适于被测网络输出信号未经过检波电路时与 Y 轴输入相连。

② 输入电缆:适于被测网络输出信号已经过检波电路时与 Y 轴输入相连。

③ 开路头:适于被测网络输入端为高阻抗时,将扫频信号输出端与被测网络输入相连。

④ 输出探头(匹配头):适于被测网络输入端具有 75 特性阻抗时,将扫频信号输出端与被测网络输入相连。

第二章　MULTISIM 10 仿真软件简介

2.1　MULTISIM 10 软件简介

2.1.1　概述

Multisim 是美国国家仪器(NI)有限公司推出的以 Windows 为基础的仿真工具,适用于板级的模拟/数字电路板的设计工作。它包含了电路原理图的图形输入、电路硬件描述语言输入方式,具有丰富的仿真分析能力。NI Multisim 10 是美国国家仪器公司(NI, National Instruments)最新推出的 Multisim 最新版本。

目前美国 NI 公司的 EWB 包含有电路仿真设计的模块 Multisim、PCB 设计软件 Ultiboard、布线引擎 Ultiroute 及通信电路分析与设计模块 Commsim 4 个部分,能完成从电路的仿真设计到电路版图生成的全过程。Multisim、Ultiboard、Ultiroute 及 Commsim 4 个部分相互独立,可以分别使用。

NI Multisim 10 用软件的方法虚拟电子与电工元器件,虚拟电子与电工仪器和仪表,实现了"软件即元器件"、"软件即仪器"。NI Multisim 10 是一个原理电路设计、电路功能测试的虚拟仿真软件。NI Multisim 10 的元器件库提供数千种电路元器件供实验选用,同时也可以新建或扩充已有的元器件库,而且建库所需的元器件参数可以从生产厂商的产品使用手册中查到,因此也很方便的在工程设计中使用。NI Multisim 10 的虚拟测试仪器仪表种类齐全,有一般实验用的通用仪器,如万用表、函数信号发生器、双踪示波器、直流电源;而且还有一般实验室少有或没有的仪器,如波特图仪、字信号发生器、逻辑分析仪、逻辑转换器、失真仪、频谱分析仪和网络分析仪等。NI Multisim 10 具有较为详细的电路分析功能,可以完成电路的瞬态分析和稳态分析、时域和频域分析、器件的线性和非线性分析、电路的噪声分析和失真分析、离散傅里叶分析、电路零极点分析、交直流灵敏度分析等电路分析方法,以帮助设计人员分析电路的性能。

NI Multisim 10 可以设计、测试和演示各种电子电路,包括电工学、模拟电路、数字、电路、射频电路及微控制器和接口电路等。可以对被仿真的电路中的元器件设置各种故障,如开路、短路和不同程度的漏电等,从而观察不同故障情况下的电路工作状况。在进行仿真的同时,软件还可以存储测试点的所有数据,列出被仿真电路的所有元器件清单,以及存储测试仪器的工作状态、显示波形和具体数据等。

NI Multisim 10 有丰富的 Help 功能,其 Help 系统不仅包括软件本身的操作指南,更重要的是包含有元器件的功能解说,Help 中这种元器件功能解说有利于使用 EWB 进行 CAI 教学。另外，NI Multisim10 还提供了与国内外流行的印刷电路板设计自动化软件 Protel 及电路仿真软件 PSpice 之间的文件接口，也能通过 Windows 的剪贴板把电路图送往文字处理系统中进行编辑排版。支持 VHDL 和 Verilog HDL 语言的电路仿真与设计。

2.1.2　MULTISIM 10 操作环境

启动 Multisim 10 后，将出现如图 2.1 所示界面，界面由多个区域构成：菜单栏，各种工具栏，电路窗口，零件工具栏，项目管理窗等，通过各个部分的操作可以实现电路图的输入、编辑，并根据需要对电路进行相应的观测和分析。

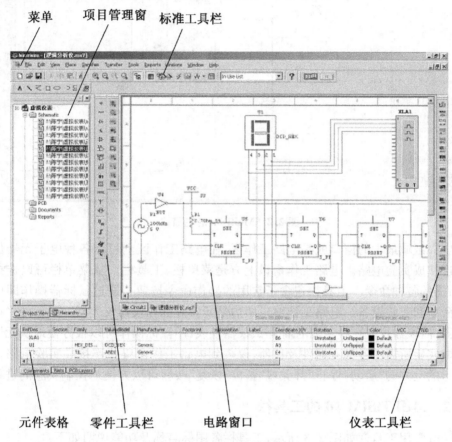

图 2.1　Multisim 的界面

2.2　MULTISIM 10 组成及基本功能

2.2.1　MULTISIM 10 的基本界面

点击"开始"→"程序"→"National Instruments"→"Circuit Design Suite 10.0"→"multisim"，启动 multisim10，可以看到图 2.2 所示的 multisim 的主窗口。

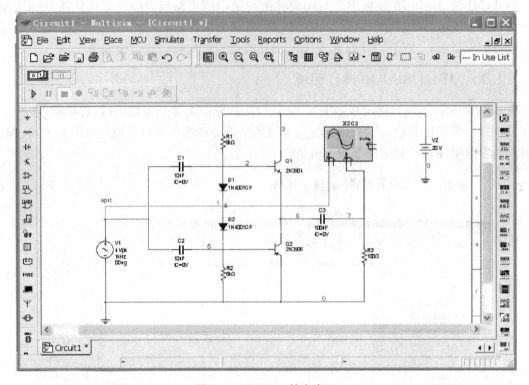

图 2.2　Multisim 的主窗口

屏幕中央区域最大的窗口就是电路工作区,在电路工作区上可将各种电子元器件和测试仪器仪表连接成实验电路。电路工作窗口上方是菜单栏、工具栏。从菜单栏可以选择电路连接、实验所需的各种命令。工具栏包含了常用的操作命令按钮。通过鼠标器操作即可方便地使用各种命令和实验设备。电路工作窗口两边是元器件栏和仪器仪表栏。元器件栏存放着各种电子元器件,仪器仪表栏存放着各种测试仪器仪表,用鼠标操作可以很方便地从元器件和仪器库中提取实验所需的各种元器件及仪器、仪表到电路工作窗口并连接成实验电路。按下电路工作窗口的上方的"启动/停止"开关或"暂停/恢复"按钮可以方便地控制实验的进程。

2.2.2　MULTISIM 10 的工具栏

multisim 常用工具栏如图 2.3 所示,工具栏各图标名称及功能说明如下:

图 2.3　Multisim 常用工具栏

- 新建:清除电路工作区,准备生成新电路。
- 打开:打开电路文件。
- 存盘:保存电路文件。
- 打印:打印电路文件。
- 剪切:剪切至剪贴板。
- 复制:复制至剪贴板。

- 粘贴:从剪贴板粘贴。
- 旋转:旋转元器件。
- 全屏:电路工作区全屏。
- 放大:将电路图放大一定比例。
- 缩小:将电路图缩小一定比例。
- 放大面积:放大电路工作区面积。

- 适当放大：放大到适合的页面。
- 文件列表：显示电路文件列表。
- 电子表：显示电子数据表。
- 数据库管理：元器件数据库管理。
- 元件编辑器：

- 图形编辑/分析：图形编辑器和电路分析方法选择。
- 后处理器：对仿真结果进一步操作。
- 电气规则校验：校验电气规则。
- 区域选择：选择电路工作区区域。

2.2.3　MULTISIM 10 的原件库

Multisim 10 提供了丰富的元器件库，元器件库栏图标如图 2.4 所示。

图 2.4　Multisim 10 元器件库

用鼠标左键单击元器件库栏的某一个图标即可打开该元件库。元器件库中的各个图标所表示的元器件含义如下面所示。

1. 电源/信号源库

电源/信号源库包含有接地端、直流电压源（电池）、正弦交流电压源、方波（时钟）电压源、压控方波电压源等多种电源与信号源。电源/信号源库如图 2.5 所示。

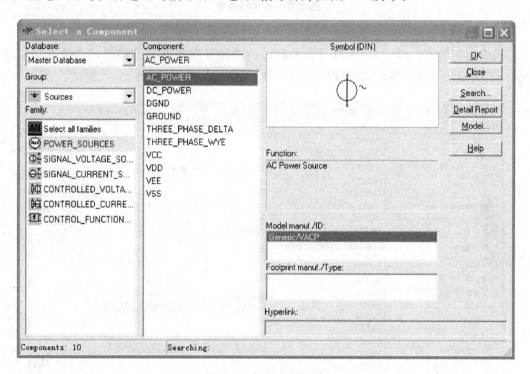

图 2.5　电源/信号源库

2. 基本器件库

基本器件库包含有电阻、电容等多种元件。基本器件库中的虚拟元器件的参数是可以任意设置的,非虚拟元器件的参数是固定的,型号可以选择。基本器件库如图 2.6 所示。

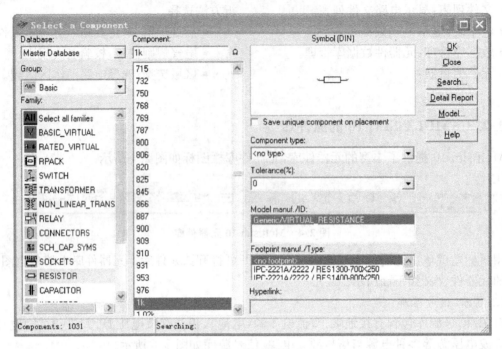

图 2.6　基本器件库

3. 二极管库

二极管库包含有二极管、可控硅等多种器件。二极管库中的虚拟器件的参数是可以任意设置的,非虚拟元器件的参数是固定的,型号可以选择。二极管库如图 2.7 所示。

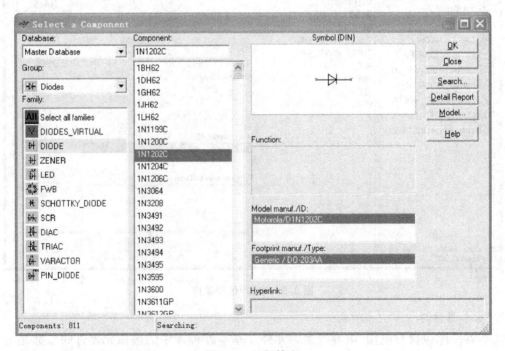

图 2.7　二极管库

4. 晶体管库

晶体管库包含有晶体管、FET 等多种器件。晶体管库中的虚拟器件的参数是可以任意设置的,非虚拟元器件的参数是固定的,型号可以选择。晶体管库如图 2.8 所示。

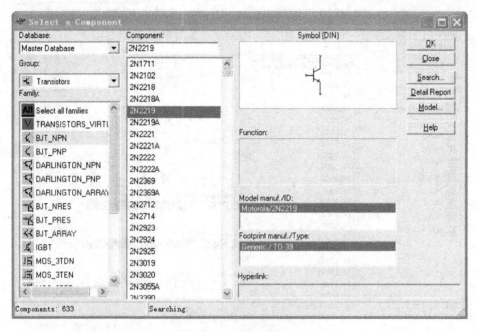

图 2.8　晶体管库

5. 模拟集成电路库

模拟集成电路库包含有多种运算放大器。模拟集成电路库中的虚拟器件的参数是可以任意设置的,非虚拟元器件的参数是固定的,型号可以选择。模拟集成电路库如图 2.9 所示。

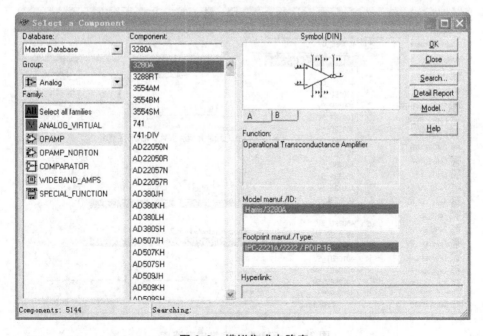

图 2.9　模拟集成电路库

6. TTL 数字集成电路库

TTL 数字集成电路库包含有 74××系列和 74LS××系列等 74 系列数字电路器件。TTL 数字集成电路库如图 2.10 所示。

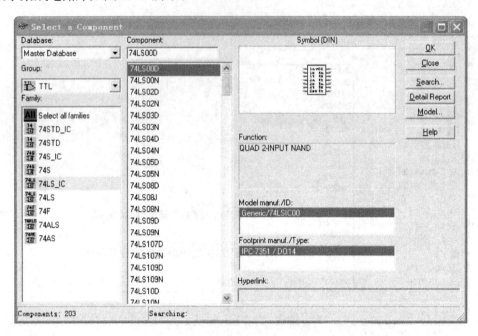

图 2.10　TTL 数字集成电路库

7. CMOS 数字集成电路库

CMOS 数字集成电路库包含有 40××系列和 74HC××系列多种 CMOS 数字集成电路系列器件。CMOS 数字集成电路库如图 2.11 所示。

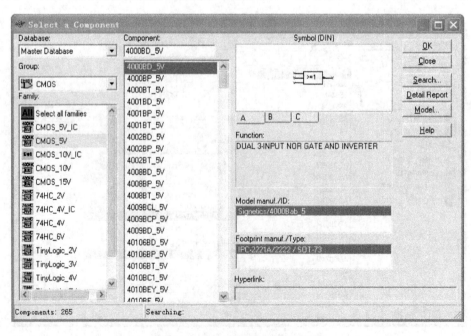

图 2.11　CMOS 数字集成电路库

8. 数字器件库

数字器件库包含有 DSP、FPGA、CPLD、VHDL 等多种器件。数字器件库如图 2.12 所示。

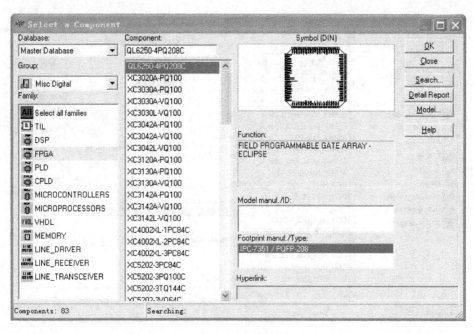

图 2.12　数字器件库

9. 数模混合集成电路库

数模混合集成电路库包含有 ADC/DAC、555 定时器等多种数模混合集成电路器件。数模混合集成电路库如图 2.13 所示。

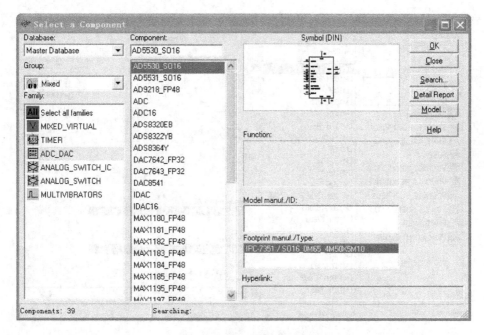

图 2.13　数模混合集成电路库

10. 指示器件库

指示器件库包含有电压表、电流表、七段数码管等多种器件。指示器件库如图 2.14 所示。

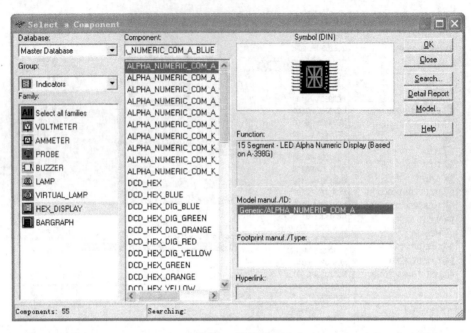

图 2.14　指示器件库

11. 电源器件库

电源器件库包含有三端稳压器、PWM 控制器等多种电源器件。电源器件库如图 2.15 所示。

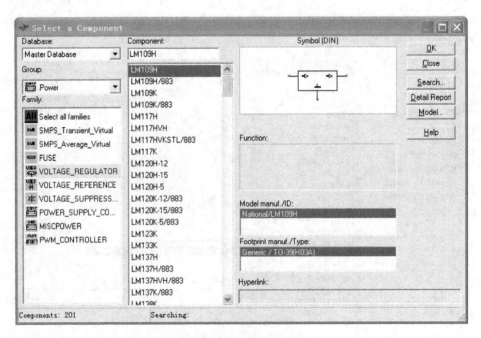

图 2.15　电源器件库

12. 其他器件库

其他器件库包含有晶振、滤波器等多种器件。其他器件库如图 2.16 所示。

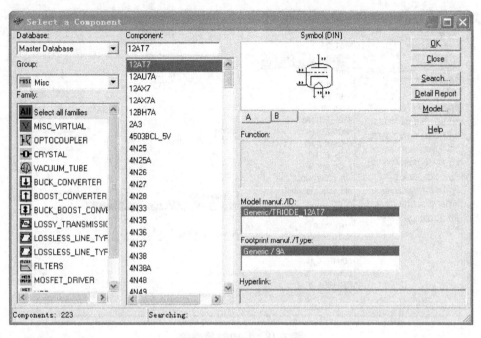

图 2.16 其他器件库

13. 键盘显示器库

键盘显示器库包含有键盘、LCD 等多种器件。键盘显示器库如图 2.17 所示。

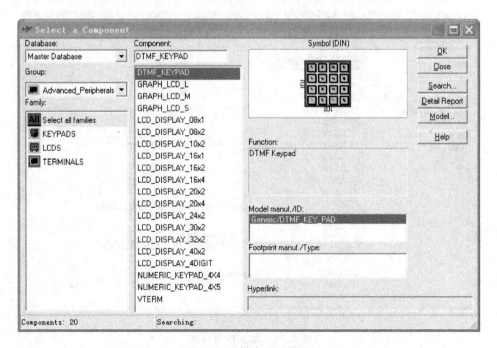

图 2.17 键盘显示器库

14．机电类器件库

机电类器件库包含有开关、继电器等多种机电类器件。机电类器件库如图 2.18 所示。

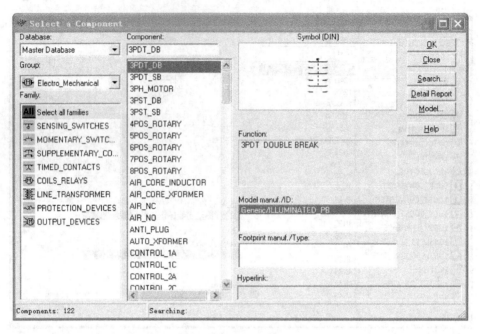

图 2.18　机电类器件库

15．微控制器库

微控制器件库包含有 8051、PIC 等多种微控制器。微控制器件库如图 2.19 所示。

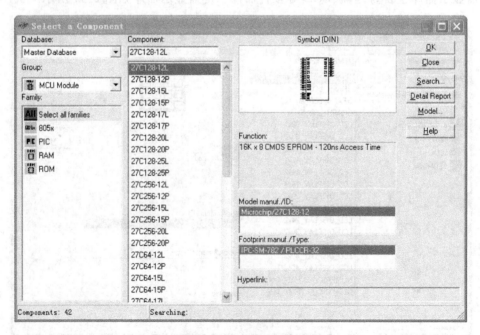

图 2.19　微控制器件库

16. 射频元器件库

射频元器件库包含有射频晶体管、射频 FET、微带线等多种射频元器件。射频元器件库如图 2.20 所示。

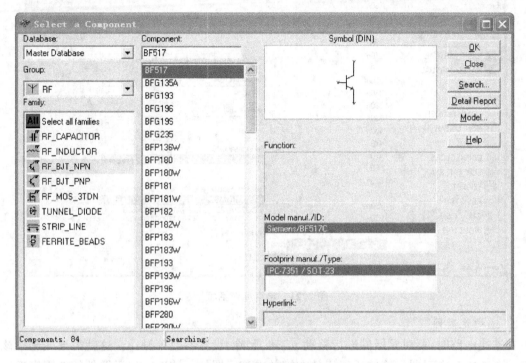

图 2.20　射频元器件库

2.3　MULTISIM 10 仿真电路的创建

2.3.1　元器件的操作

1. 元器件的选用

选用元器件时,首先在元器件库栏中用鼠标点击包含该元器件的图标,打开该元器件库。然后从选中的元器件库对话框中(如图 2.21 所示电容库对话框),用鼠标点击将该元器件,然后点击"OK"即可,用鼠标拖曳该元器件到电路工作区的适当地方即可。

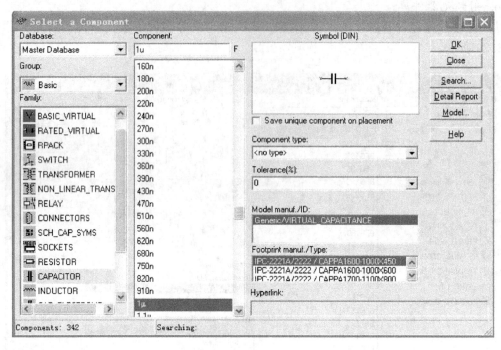

图 2.21　电容库对话框

2. 选中元器件

在连接电路时,要对元器件进行移动、旋转、删除、设置参数等操作。这就需要先选中该元器件。要选中某个元器件可使用鼠标的左键单击该元器件。被选中的元器件的四周出现 4 个黑色小方块(电路工作区为白底),便于识别。对选中的元器件可以进行移动、旋转、删除、设置参数等操作。用鼠标拖曳形成一个矩形区域,可以同时选中在该矩形区域内包围的一组元器件。

要取消某一个元器件的选中状态,只需单击电路工作区的空白部分即可。

3. 元器件的移动

用鼠标的左键点击该元器件(左键不松手),拖曳该元器件即可移动该元器件。

要移动一组元器件,必须先用前述的矩形区域方法选中这些元器件,然后用鼠标左键拖曳其中的任意一个元器件,则所有选中的部分就会一起移动。元器件被移动后,与其相连接的导线就会自动重新排列。

选中元器件后,也可使用箭头键使之做微小的移动。

4. 元器件的旋转与反转

对元器件进行旋转或反转操作,需要先选中该元器件,然后单击鼠标右键或者选择菜单 Edit,选择菜单中的 Flip Horizontal(将所选择的元器件左右旋转)、Flip Vertical(将所选择的元器件上下旋转)、90 Clockwise(将所选择的元器件顺时针旋转 90 度)、90 CounterCW:(将所选择的元器件逆时针旋转 90 度)等菜单栏中的命令。也可使用 Ctrl 键实现旋转操作。Ctrl 键的定义标在菜单命令的旁边。

5. 元器件的复制、删除

对选中的元器件,进行元器件的复制、移动、删除等操作,可以单击鼠标右键或者使用 菜单 Edit→Cut(剪切)、Edit→Copy(复制)和 Edit→Paste(粘贴)、Edit→Delete(删除)等菜单命令实现元器件的复制、移动、删除等操作。

6. 元器件标签、编号、数值、模型参数的设置

在选中元器件后,双击该元器件,或者选择菜单命令 Edit→Properties(元器件特性)会弹出相关的对话框,可供输入数据。

器件特性对话框具有多种选项可供设置,包括 Label(标识)、Display(显示)、Value(数值)、Fault(故障设置)、Pins(引脚端)、Variant(变量)等内容。电容器件特性对话框如图2.22所示。

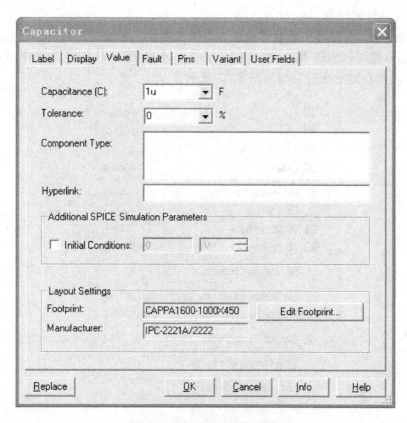

图 2.22　电容器件特性对话框

(1) Label(标识)。

● Label(标识)选项的对话框用于设置元器件的 Label(标识)和 RefDes(编号)。

● RefDes(编号)由系统自动分配,必要时可以修改,但必须保证编号的唯一性。注意连接点、接地等元器件没有编号。在电路图上是否显示标识和编号可由 Options 菜单中的 Global Preferences(设置操作环境)的对话框设置。

(2) Display(显示)。

● Display(显示)选项用于设置 Label、RefDes 的显示方式。该对话框的设置与 Options 菜单中的 Global Preferences(设置操作环境)的对话框的设置有关。如果遵循电路图选项的设置,则 Label、RefDes 的显示方式由电路图选项的设置决定。

（3）Value(数值)。

● 点击 Value(数值)选项，出现 Value(数值)选项对话框。

（4）Fault(故障)。

● Fault(故障)选项可供人为设置元器件的隐含故障。例如在三极管的故障设置对话框中，E、B、C 为与故障设置有关的引脚号，对话框提供 Leakage(漏电)、Short(短路)、Open(开路)、None(无故障)等设置。如果选择了 Open(开路)设置。图中设置引脚 E 和引脚 B 为 Open(开路)状态，尽管该三极管仍连接在电路中，但实际上隐含了开路的故障。这可以为电路的故障分析提供方便。

（5）改变元器件的颜色

● 在复杂的电路中，可以将元器件设置为不同的颜色。要改变元器件的颜色，用鼠标指向该元器件，点击右键可以出现菜单，选择 Change Color 选项，出现颜色选择框，然后选择合适的颜色即可。点击右键出现的菜单如图 2.23 所示。

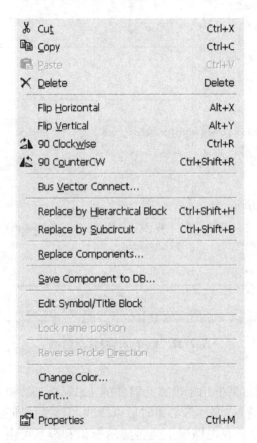

图 2.23　点击右键出现的菜单

2.3.2　电路图选项设置

选择 Options 菜单中的 Sheet Properties(工作台界面设置)(Options→Sheet Properties)用于设置与电路图显示方式有关的一些选项。

1. Circuit 对话框

选择 Options→Sheet Properties 对话框的 Circuit 选项可弹出如图 2.24 所示的 Circuit 对话框在 Circuit 对话框中：

● Show 图框中可选择电路各种参数，如 labels 选择是否显示元器件的标志，RefDes 选择是否显示元器件编号，Values 选择是否显示元器件数值，Initial Condition 选择初始化条件，Tolerance 选择公差。

● Color 图框中的 5 个按钮用来选择电路工作区的背景、元器件、导线等的颜色。

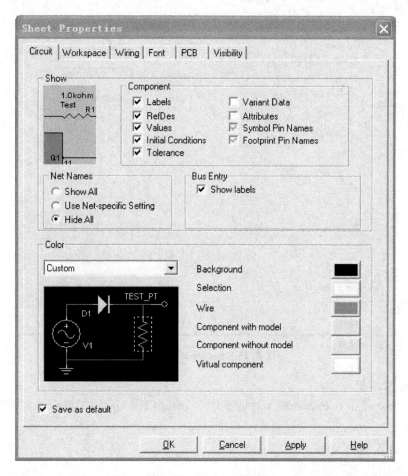

图 2.24　Circuit 对话框

2. workspace 对话框

选择 Options→Sheet Properties 对话框的 Workspace 选项可弹出如图 2.25 所示的 Workspace 对话框，在 Workspace 对话框中：

● Show Grid：选择电路工作区里是否显示格点。

● Show Page Bounds：选择电路工作区里是否显示页面分隔线（边界）。

● Show border：选择电路工作区里是否显示边界。

● Sheet size 区域的功能是设定图纸大小（A—E、A0—A4 以及 Custom 选项），并可选择尺寸单位为英寸（Inches）或厘米（Centimeters），以及设定图纸方向是 Portrait（纵向）或

Landscape(横向)。

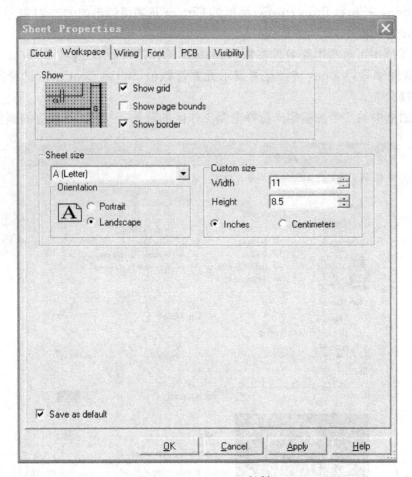

图 2.25　workspace 对话框

3. Wiring 对话框

选择 Options→Sheet Properties 对话框的 Wiring 选项可弹出 Wiring 对话框,在 Wiring 对话框中:

- Wire Width:选择线宽。
- Bus Width:选择总线线宽。
- Bus Wiring Mode:选择总线模式。

4. Font 对话框

选择 Options→Sheet Properties 对话框的 Font 选项可弹出 Font 对话框,Font 对话框如图 2.26 所示。在 Font 对话框中:

(1) 选择字型。

- Font 区域可以字型,可以直接在栏位里选取所要采用的字型。
- Font Style 区域选择字型,字型可以为粗体字(Bold)、粗斜体字(Bold Italic)、斜体字(Italic)、正常字(Regular)。
- Size 区域选择字型大小,可以直接在栏位里选取。

- Sample 区域显示的是所设定的字型。

（2）选择字型的应用项目。

- Change All 区域选择本对话框所设定的字型应用项目。
- Component Values and Labels：选择元器件标注文字和数值采用所设定的字型。
- Component RefDes：选择元器件编号采用所设定的字型。
- Component Attributes：选择元器件属性文字采用所设定的字型。
- Footprint Pin names：选择引脚名称采用所设定的字型。
- Symbol Pin names：选择符号引脚采用所设定的字型。
- Net names：选择网络表名称采用所设定的字型。
- Schematic text：选择电路图里的文字采用所设定的字型。

（3）选择字型的应用范围

- Apply to 区域选择本对话框所设定的字型的应用范围。
- Entire Circuit：将应用于整个电路图。
- Selection：应用在选取的项目。

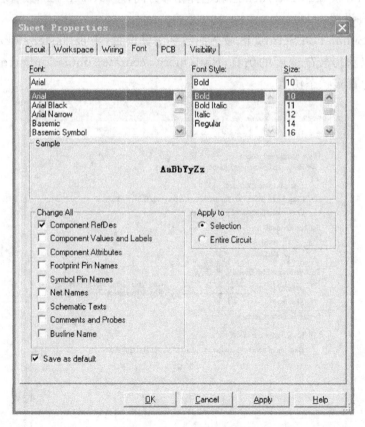

图 2.26　Font 对话框

5. Part 对话框

选择 Options→Global Preferences...对话框的 Part 选项可弹出如图 2.27 所示的 Part 对话框，在 Part 对话框中：

（1）选择元器件操作模式。

● 在 Place component mode 区域选择元器件操作模式。

● Place single component：选定时，从元器件库里取出元器件，只能放置一次。

● Continuous placement for multi—section part only(ESC to quit)：选定时，如果从元器件库里取出的元器件是 74×× 之类的单封装内含多组件的元器件，则可以连续放置元器件；停止放置元器件，可按【ESC】键退出。

● Continuous placement(ESC to quit)：选定时，从元器件库里取出的零件，可以连续放置；停止放置元器件，可按【ESC】键退出。

（2）选择元器件符号标准。

● 在 Symbol standard 区域选择元器件符号标准。

● ANSL：设定采用美国标准元器件符号。

● DIN：设定采用欧洲标准元器件符号。

（3）选择相移方向。

● 在 Positive Phase shift Direction 区域选择相移方向，左移(Shift left)或者右移(Shift right)。

（4）数字仿真设置。

● 在 Digital Simulation Setting 区域选择数字仿真设置，Idea(faster simulation)状态为理想状态仿真，可以获得较高速度的仿真；Real(more accurate simulation—requires power and digital ground)为真实状态仿真。

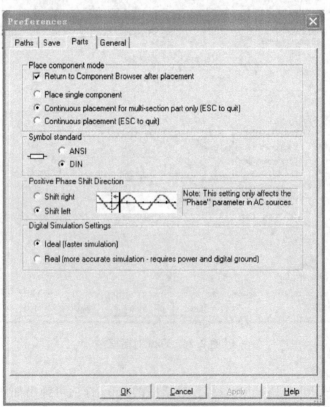

图 2.27   Part 对话框

6. Default 对话框

在 Options→Sheet Properties 和 Options→Global Preferences... 的各对话框的左下角有一个用于用户默认的设置,点击选择 Save as default 则将当前设置存为用户的默认设置,默认设置的影响范围是新建图纸;除去 Save as default 选择则将当前设置恢复为用户的默认设置。若仅点击 OK 按钮则不影响用户的默认设置,仅影响当前图纸的设置。

2.3.3　导线操作

1. 导线的连接

在两个元器件之间,首先将鼠标指向一个元器件的端点使其出现一个小圆点,按下鼠标左键并拖曳出一根导线,拉住导线并指向另一个元器件的端点使其出现小圆点,释放鼠标左键,则导线连接完成。连接完成后,导线将自动选择合适的走向,不会与其他元器件或仪器发生交叉。

2. 连线的删除与改动

将鼠标指向元器件与导线的连接点使出现一个圆点,按下左键拖曳该圆点使导线离开元器件端点,释放左键,导线自动消失,完成连线的删除。也可以将拖曳移开的导线连至另一个接点,实现连线的改动。

3. 改变导线的颜色

在复杂的电路中,可以将导线设置为不同的颜色。要改变导线的颜色,用鼠标指向该导线,点击右键可以出现菜单,选择 Change Color 选项,出现颜色选择框,然后选择合适的颜色即可。

4. 在导线中插入元器件

将元器件直接拖曳放置在导线上,然后释放即可插入元器件在电路中。

5. 从电路删除元器件

选中该元器件,按下 Edit→Delete 即可,或者点击右键可以出现菜单,选择 Delete 即可。

6. "连接点"的使用

"连接点"是一个小圆点,点击 Place Junction 可以放置节点。一个"连接点"最多可以连接来自四个方向的导线。可以直接将"连接点"插入连线中。

7. 节点编号

在连接电路时,multisim 自动为每个节点分配一个编号。是否显示节点编号可由 Options→Sheet Properties 对话框的 Circuit 选项设置。选择 RefDes 选项,可以选择是否显示连接线的节点编号。

2.3.4　仪器仪表的使用

2.3.4.1　仪器仪表的基本操作

MULTISIM 的仪器库存放有数字多用表、函数信号发生器、示波器、波特图仪、字信号发生器、逻辑分析仪、逻辑转换仪、瓦特表、失真度分析仪、网络分析仪、频谱分析仪 11 种仪器仪表可供使用,仪器仪表以图标方式存在,每种类型有多台。

1. 仪器的选用与连接

(1) 仪器选用。

从仪器库中将所选用的仪器图标,用鼠标将它"拖放"到电路工作区即可,类似元器件的拖放。

（2）仪器连接。

将仪器图标上的连接端（接线柱）与相应电路的连接点相连，连线过程类似元器件的连线。

2. 仪器参数的设置

（1）设置仪器仪表参数。

双击仪器图标即可打开仪器面板。可以用鼠标操作仪器面板上相应按钮及参数设置对话窗口的设置数据。

（2）改变仪器仪表参数。

在测量或观察过程中，可以根据测量或观察结果来改变仪器仪表参数的设置，如示波器、逻辑分析仪等。

2.3.4.2 数字多用表（Multimeter）

数字多用表是一种可以用来测量交直流电压、交直流电流、电阻及电路中两点之间的分贝损耗，自动调整量程的数字显示的多用表。用鼠标双击数字多用表图标，可以放大的数字多用表面板，如图 2.28(a)所示。用鼠标单击数字多用表面板上的设置（Settings）按钮，则弹出参数设置对话框窗口，可以设置数字多用表的电流表内阻、电压表内阻、欧姆表电流及测量范围等参数。参数设置对话框如图 2.28(b)所示。

(a) 数字多用表面板

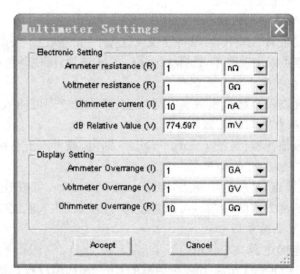

(b) 参数设置对话框

图 2.28　数字多用表

2.3.4.3 函数信号发生器（Function Generator）

函数信号发生器是可提供正弦波、三角波、方波三种不同波形的信号的电压信号源。用鼠标双击函数信号发生器图标，可以放大的函数信号发生器的面板。函数信号发生器的面板如图 2.29 所示。

函数信号发生器其输出波形、工作频率、占空比、幅度和直流偏置，可用鼠标来选择波形选择按钮和在各窗口设置相应的参数来实现。频率设置范围为 1 Hz～999 THz；占空比调整值可从 1%～99%；幅度设置范围为 1 μV～999 kV；偏移设置范围为−999 kV～999 kV。

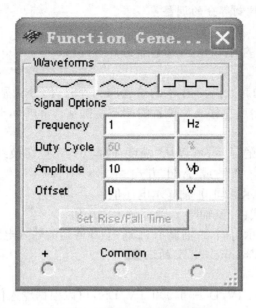

图 2.29　函数信号发生器的面板

2. 3. 4. 4　示波器（Oscilloscope）

示波器用来显示电信号波形的形状、大小、频率等参数的仪器。用鼠标双击示波器图标，放大的示波器的面板图如图 2.30 所示。

示波器面板各按键的作用、调整及参数的设置与实际的示波器类似。

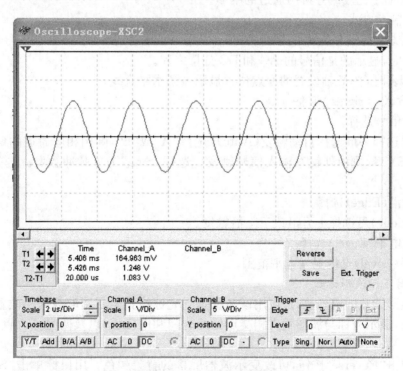

图 2.30　示波器的面板图

1. 时基(Time base)控制部分的调整

(1) 时间基准。

X 轴刻度显示示波器的时间基准,其基准为 0.1 fs/ Div~1 000 Ts/ Div 可供选择。

(2) X 轴位置控制。

X 轴位置控制 X 轴的起始点。当 X 的位置调到 0 时,信号从显示器的左边缘开始,正值使起始点右移,负值使起始点左移。X 位置的调节范围从 -5.00~$+5.00$。

(3) 显示方式选择。

显示方式选择示波器的显示,可以从"幅度/时间(Y/T)"切换到"A 通道/ B 通道中(A/ B)"、"B 通道/ A 通道(B/ A)"或"Add"方式。

① Y/T 方式:X 轴显示时间,Y 轴显示电压值。

② A/ B、 B/ A 方式: X 轴与 Y 轴都显示电压值。

③ Add 方式:X 轴显示时间,Y 轴显示 A 通道、B 通道的输入电压之和。

2. 示波器输入通道(Channel A/B)的设置

(1) Y 轴刻度。

Y 轴电压刻度范围从 1 fV/Div—1 000 TV/Div,可以根据输入信号大小来选择 Y 轴刻度值的大小,使信号波形在示波器显示屏上显示出合适的幅度。

(2) Y 轴位置(Y position)。

Y 轴位置控制 Y 轴的起始点。当 Y 的位置调到 0 时,Y 轴的起始点与 X 轴重合,如果将 Y 轴位置增加到 1.00,Y 轴原点位置从 X 轴向上移一大格,若将 Y 轴位置减小到期-1.00,Y 轴原点位置从 X 轴向下移一大格。Y 轴位置的调节范围从 -3.00~$+3.00$。改变 A、B 通道的 Y 轴位置有助于比较或分辨两通道的波形。

(3) Y 轴输入方式。

Y 轴输入方式即信号输入的耦合方式。当用 AC 耦合时,示波器显示信号的交流分量。当用 DC 耦合时,显示的是信号的 AC 和 DC 分量之和。

当用 0 耦合时,在 Y 轴设置的原点位置显示一条水平直线。

3. 触发方式(Trigger)调整

(1) 触发信号选择。

触发信号选择一般选择自动触发(Auto).选择"A"或"B",则用相应通道的信号作为触发信号。选择"EXT",则由外触发输入信号触发。选择"Sing"为单脉冲触发。选择"Nor"为一般脉冲触发。

(2) 触发沿(Edge)选择。

触发沿(Edge)可选择上升沿或下降沿触发。

(3) 触发电平(Level)选择。

触发电平(Level)选择触发电平范围。

4. 示波器显示波形读数

要显示波形读数的精确值时,可用鼠标将垂直光标拖到需要读取数据的位置。显示屏幕下方的方框内,显示光标与波形垂直相交点处的时间和电压值,以及两光标位置之间的时间、电压的差值。

用鼠标单击"Reverse"按钮,可改变示波器屏幕的背景颜色。用鼠标单击"Save"按钮,可按 ASCII 码格式存储波形读数。

2.3.5　电路分析方法

MULTISIM具有较强的分析功能,用鼠标点击Simulate(仿真)菜单中的Analysis(分析)菜单(Simulate→Analysis),可以弹出电路分析菜单。点击设计工具栏的也可以弹出该电路分析菜单。

1. 直流工作点分析(DC Operating Point…)

在进行直流工作点分析时,电路中的交流源将被置零,电容开路,电感短路。用鼠标点击Simulate→Analysis→DC Operating Point…,将弹出DC Operating Point Analysis对话框,进入直流工作点分析状态。如图2.31所示,DC Operating Point Analysis对话框有Output、Analysis Options和Summary 3个选项,分别介绍如下:

(1) Ouptut选项卡:主要用于选择所要分析的节点或变量。

(2) Analysis Options选项卡:主要用来设定分析参数。

(3) Summary选项卡:主要用于对分析设置进行总结确认,将程序所有设置和参数都显示出来。

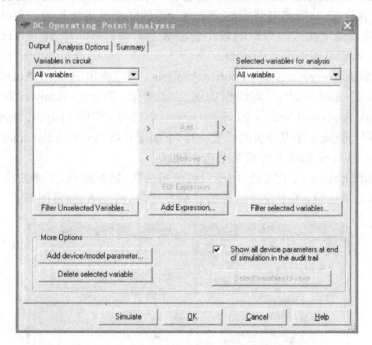

图2.31　DC Operating Point Analysis对话框

2. 交流分析(AC Analysis…)

交流分析用于分析电路的频率特性。需先选定被分析的电路节点,在分析时,电路中的直流源将自动置零,交流信号源、电容、电感等均处在交流模式,输入信号也设定为正弦波形式。若把函数信号发生器的其他信号作为输入激励信号,在进行交流频率分析时,会自动把它作为正弦信号输入。因此输出响应也是该电路交流频率的函数。

用鼠标点击Simulate→Analysis→AC Analysis…,将弹出AC Analysis对话框,进入交流分析状态。AC Analysis对话框有Frequency Parameters、Output、Analysis Options和Summary 4个选项,其中Output、Analysis Options和Summary 3个选项与直流工作点分析的设置一样,下面仅介绍Frequency Parameters选项。

3. 瞬态分析(Transient Analysis...)

瞬态分析是指对所选定的电路节点的时域响应。即观察该节点在整个显示周期中每一时刻的电压波形。在进行瞬态分析时,直流电源保持常数,交流信号源随着时间而改变,电容和电感都是能量储存模式元件。

用鼠标点击 Simulate→Analysis→Transient Analysis...,将弹出 Transient Analysis 对话框,进入瞬态分析状态。Transient Analysis 对话框有 Analysis Parameters、Output、Analysis Options 和 Summary 4 个选项,其中 Output、Analysis Options 和 Summary 3 个选项与直流工作点分析的设置一样,下面仅介绍 Analysis Parameters 选项。

在 Analysis Parameters 选项卡中包括 Initial Conditions 选项区和 Parameters 选项区域,前者用于设置初始条件,后者用于设置分析的时间参数,包括起始时间、终止时间和最大时间步长。

4. 傅里叶分析(Fourier Analysis...)

傅里叶分析方法用于分析一个时域信号的直流分量、基频分量和谐波分量。即把被测节点处的时域变化信号作离散傅里叶变换,求出它的频域变化规律。在进行傅里叶分析时,必须首先选择被分析的节点,一般将电路中的交流激励源的频率设定为基频,若在电路中有几个交流源时,可以将基频设定在这些频率的最小公因数上。譬如有一个 10.5 kHz 和一个 7 kHz 的交流激励源信号,则基频可取 0.5 kHz。

用鼠标点击 Simulate→Analysis→Fourier Analysis...,将弹出 Fourier Analysis 对话框,进入傅里叶分析状态,Fourier Analysis 对话框如图 2.32 所示。Fourier Analysis 对话框有 Analysis Parameters、Output、Analysis Options 和 Summary 4 个选项,其中 Output、Analysis Options 和 Summary 3 个选项与直流工作点分析的设置一样,下面仅介绍 Analysis Parameters 选项。

Analysis Parameters 选项卡包括两个选项区域:

(1) Sampling Options 选项区域,用于设置分析参数,如基频设定、谐波次数等;

(2) Results 选项区域,用于设置结果的显示方式,如相位图、频谱图等。

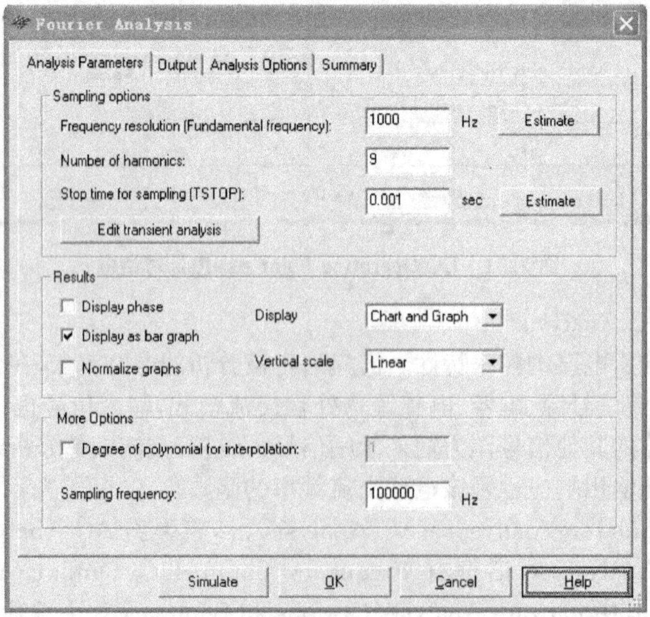

图 2.32　Fourier Analysis 对话框

第三章　电路分析实验

3.1　基础性实验

实验一　基本仪表测量误差的计算及减小测量误差的方法

一、实验目的

(1) 掌握指针式电压表、电流表内阻的测量方法。
(2) 熟悉电工仪表测量误差的计算方法。
(3) 掌握减小因仪表内阻所引起的测量误差的方法。

二、实验原理

1. 测量误差的计算

为了准确地测量电路中实际的电压和电流,必须保证仪表接入电路后不会改变被测电路的工作状态。这就要求电压表的内阻为无穷大;电流表的内阻为零。而实际使用的指针式电工仪表都不能满足上述要求。因此,当测量仪表一旦接入电路,就会改变电路原有的工作状态,这就导致仪表的读数值与电路原有的实际值之间出现误差。误差的大小与仪表本身内阻的大小密切相关。只要测出仪表的内阻,即可计算出由其产生的测量误差。以下介绍几种测量指针式仪表内阻的方法。

(1) 分流法测量电流表的内阻。

如图 3.1 所示,R_A 为直流电流表内阻。测量时,先断开开关 S,调节电流源 I_S 输出使电流表指针满偏。然后合上开关 S,并保持电流源 I_S 不变,调节 R_B 的阻值,使电流表的指针指在 1/2 满偏位置,此时有:

$$I_A = I_S = I/2 \qquad R_A = R_B /\!/ R_1$$

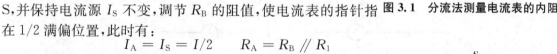

图 3.1　分流法测量电流表的内阻

(2) 分压法测量电压表的内阻。

如图 3.2 所示,R_V 为直流电压表内阻。测量时,先将开关 S 闭合,调节直流稳压电源的输出电压,使电压表指针满偏。然后断开开关 S,调节 R_B 使电压表指针指在 1/2 满偏位置。此时有:

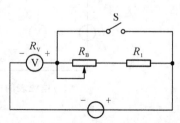

图 3.2　分压法测量电压表的内阻

$$R_V = R_B + R_1$$

电压表的灵敏度为：$S = R_V/U(\Omega/V)$。式中 U 为电压表满偏时的电压值。

（3）仪表内阻引起的测量误差的计算。

仪表内阻引起的测量误差通常称为方法误差，而仪表本身结构引起的误差称为仪表基本误差。

以图 3.3 所示电路为例，R_1 上的电压为：

$$U_{R_1} = \frac{R_1}{R_1 + R_2} U$$

若 $R_1 = R_2$，则 $U_{R_1} = \frac{1}{2}U$。

现用一内阻为 R_V 的电压表来测量 U_{R_1} 值，R_V 与 R_1 并联后等效

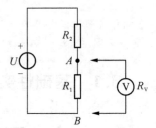

图 3.3　误差计算示例电路

电阻 $R_{AB} = \dfrac{R_V R_1}{R_1 + R_V}$，用 R_{AB} 替代上式中 R_1 得：$U'_{R_1} = \dfrac{\dfrac{R_1 R_V}{R_1 + R_V}}{\dfrac{R_1 R_V}{R_1 + R_V} + R_2} U$

则绝对误差为：
$$\Delta U = U'_{R_1} - U_{R_1} = \left(\frac{\dfrac{R_1 R_V}{R_1 + R_V}}{\dfrac{R_1 R_V}{R_1 + R_V} + R_2} - \frac{R_1}{R_1 + R_2} \right) U$$

化简得：
$$\Delta U = \frac{-R_1^2 R_2 U}{R_V (R_1 + R_2)^2 + R_1 R_2 (R_1 + R_2)}$$

若 $R_1 = R_2 = R_V$，则 $\Delta U = -U/6$

相对误差 $\Delta U\% = \dfrac{U'_{R_1} - U_{R_1}}{U_{R_1}} \times 100\% \approx \dfrac{-U/6}{U/2} = -33.3\%$

由此可见，当电压表的内阻与被则电路的电阻相近时，测量的误差是非常大的。

（4）伏安法测量电阻。

伏安法测量电阻原理为：测出流过被测电阻 R_X 的电流 I_R 及其两端的电压降 U_R，则其阻值 $R_X = U_R/I_R$。实际测量时，有两种测量线路：

① 电流表的内接法，相对于电源而言，电流表接在电压表的内侧；如图 3.4(a)所示，当 $R_X \ll R_V$ 时，R_V 的分流作用才可忽略不计，电流表的读数接近于实际流过 R_X 的电流值。

② 电流表的外接法，电流表接在电压的外侧。如图 3.4(b)。当 $R_X \gg R_A$ 时，R_A 的分压作用才可忽略不计，电压表的读数接近于 R_X 两端的电压值。

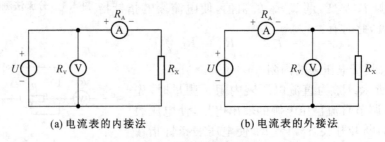

(a)电流表的内接法　　　　　　　(b)电流表的外接法

图 3.4　伏安法测量电阻

2. 减小因仪表内阻而产生的测量误差的方法

（1）不同量限两次测量计算法。

当电压表的灵敏度不够高或电流表的内阻太大时，可利用多量限仪表对同一被测量用不同量限进行两次测量，用所得读数经计算后可得到较准确的结果。

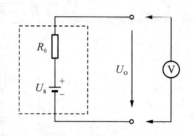

如图 3.5 所示电路，测量具有较大内阻 R_0 的电压源 U_S 的开路电压 U_O 时，如果所用电压表的内阻 R_V 与 R_0 相差不大时，将会产生很大的测量误差。

图 3.5　不同量限两次测量电压测量电路

设电压表有两档量限，U_1、U_2 分别为在这两个不同量限下测得的电压值，$R_{\mathrm{V}1}$ 和 $R_{\mathrm{V}2}$ 分别为这两个相应量限的内阻，则：

$$U_1 = \frac{R_{\mathrm{V}1}}{R_0 + R_{\mathrm{V}1}} U_\mathrm{S}, U_2 = \frac{R_{\mathrm{V}2}}{R_0 + R_{\mathrm{V}2}} U_\mathrm{S}$$

由以上两式可解得 U_S 和 R_0。其中 U_S（即 U_O）为：

$$U_\mathrm{S} = \frac{U_1 U_2 (R_{\mathrm{V}2} - R_{\mathrm{V}1})}{U_1 R_{\mathrm{V}2} - U_2 R_{\mathrm{V}1}}$$

由此式可知，通过两次测量结果可计算出 U_O 的大小，计算值比单次测量值更为准确。对于电流表，当其内阻较大时，也可用类似的方法测得较准确的结果。

如图 3.6 所示电路，不接入电流表时的电流为 $I = \frac{U_\mathrm{S}}{R}$，接入内阻为 R_A 的电流表，电路中的电流变为 $I' = \frac{U_\mathrm{S}}{R + R_\mathrm{A}}$，如果 R_A 与 R 的值相差不大，将出现很大的误差。

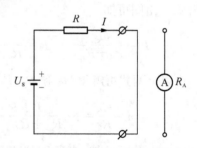

如果用有不同内阻 $R_{\mathrm{A}1}$、$R_{\mathrm{A}2}$ 的两档量限的电流表作两次测量并经简单的计算就可得到较准确的电流值。按图 3.6 电路，两次测量得：

图 3.6　不同量限两次测量电流测量电路

$$I_1 = \frac{U_\mathrm{S}}{R + R_{\mathrm{A}1}}, I_2 = \frac{U_\mathrm{S}}{R + R_{\mathrm{A}2}}$$

由以上两式可解得 U_S 和 R，因此可得：

$$I = \frac{U_\mathrm{S}}{R} = \frac{I_1 I_2 (R_{\mathrm{A}1} - R_{\mathrm{A}2})}{I_1 R_{\mathrm{A}1} - I_2 R_{\mathrm{A}2}}$$

（2）同一量限两次测量计算法。

如果电压表（或电流表）只有一档量限，且电压表的内阻较小（或电流表的内阻较大）时，可用同一量限两次测量法减小测量误差。其中，第一次测量与一般的测量类似。第二次测量时必须在电路中串入一个已知阻值的附加电阻。

① 电压测量

测量如图 3.7 所示电路的开路电压 U_O。设电压表的内阻为 R_V。第一次测量，电压表的读数为 U_1。第二次测量时应与电压表串接一个已知阻值的电阻器 R，电压表读数为 U_2。由图

可知:

$$U_1 = \frac{R_V}{R_0 + R_V} U_S \qquad\qquad U_2 = \frac{R_V}{R_0 + R + R_V} U_S$$

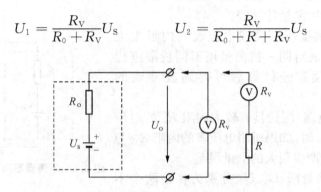

图 3.7 同一量限两次测量电压测量电路

由以上两式可解得 U_S 和 R_0,其中 U_S(即 U_O)为:

$$U_S = \frac{R U_1 U_2}{R_V (U_1 - U_2)}$$

② 电流测量

测量如图 3.8 所示电路的电流 I。设电流表的内阻为 R_A。第一次测量电流表的读数为 I_1。第二次测量时应与电流表串接一个已知阻值的电阻器 R,电流表读数为 I_2。由图可知:

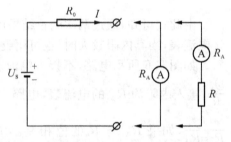

$$I_1 = \frac{U_S}{R_0 + R_A} \qquad\qquad I_2 = \frac{U_S}{R_0 + R + R_A}$$

由以上两式可解得 U_S 和 R_0,从而可得:

图 3.8 同一量限两次测量电流测量电路

$$I = \frac{U_S}{R_0} = \frac{I_1 I_2 R}{I_2 (R_A + R) - I_1 R_A}$$

由以上分析可知,当所用仪表的内阻与被测线路的电阻相差不大时,采用多量限仪表不同量限两次测量法或单量限仪表两次测量法,通过计算就可得到比单次测量准确得多的结果。

三、实验设备

序号	名称	型号与规格	数量	备注
1	可调直流稳压电源	0~30 V 可调	二路	
2	可调恒流源	0~200 mA 可调	1	
3	指针式万用表	MF-47 或其他	1	
4	可调电阻箱	0~9 999.9 Ω	1	
5	电阻器	按需选择		

四、实验内容

(1) 根据"分流法"原理测定指针式万用表(MF-47 型或其他型号)直流电流 0.5 mA 和 5 mA 档量限的内阻。线路如图 3.1 所示。测量数据填入表 3.1 中。

表 3.1　分流法测电流表内阻数据表

被测电流表量限/mA	S 断开时的表读数/mA	S 闭合时的表读数/mA	R_B/Ω	R_1/Ω	计算内阻 R_A/Ω
0.5					
5					

(2) 根据"分压法"原理按图 3.2 接线,测定指针式万用表直流电压 2.5 V 和 10 V 档量限的内阻。测量数据填入表 3.2 中。

表 3.2　分压法测电压表内阻数据表

被测电压表量限/V	S 闭合时表读数/V	S 断开时表读数/V	$R_B/k\Omega$	$R_1/k\Omega$	计算内阻 R_V kΩ	S/$(\Omega \cdot V-1)$
2.5						
10						

(3) 用指针式万用表直流电压 10 V 档量程测量图 3.3 电路中 R_1 上的电压 U'_{R_1} 之值,并计算测量的绝对误差与相对误差。数据填入表 3.3 中。

表 3.3　误差计算示例电路数据表

U	R_2	R_1	$R_{10 v}/$kΩ	计算值 $U_{R1}/$V	实测值 U'_{R1}/V	绝对误差 ΔU	相对误差 $\Delta U/U \times 100\%$
12 V	10 kΩ	50 kΩ					

(4) 双量限电压表两次测量法。

按图 3.5 电路,直流稳压电源取 $U_S=2.5$ V,R_0 选用 50 kΩ。用指针式万用表的直流电压 2.5 V 和 10 V 两档量限进行两次测量,最后算出开路电压 U'_0 之值。数据填入表 3.4 中($R_{2.5 v}$ 和 $R_{10 v}$ 参照 2 的结果)。

表 3.4　双量限电压表两次测量法数据表

万用表电压量限/V	内阻值/kΩ	两个量限的测量值 U/V	电路计算值 U_0/V	两次测量计算值 U'_0/V	U 的相对误差值/%	U'_0 的相对误差/%
2.5						
10						

(5) 单量限电压表两次测量法。

按图 3.7 电路,先用上述万用表直流电压 2.5 V 量限档直接测量,得 U_1。然后串接 $R=$

$10\text{ k}\Omega$ 的电阻再一次测量,得 U_2。计算开路电压 U_0' 之值。数据填入表 3.5 中。

表 3.5　单量限电压表两次测量法数据表

实际计算值	两次测量值		测量计算值	U_1 的相对误差/%	U_0' 的相对误差/%
U_0/V	U_1/V	U_2/V	U_0'/V	/	

（6）双量限电流表两次测量法。

按图 3.6 线路进行实验,$U_S=0.3\text{ V}$,$R=300\text{ }\Omega$,用万用表 0.5 mA 和 5 mA 两档电流量限进行两次测量,计算出电路的电流值 I'。数据填入表 3.6 中（$R_{0.5\text{ mA}}$ 和 $R_{5\text{ mA}}$ 参照 1 的结果）。

表 3.6　双量限电流表两次测量法数据表

万用表电压量限/mA	内阻值/Ω	两个量限的测量值 I_1/mA	电路计算值 I/mA	两次测量计算值 I'/mA	I_1 的相对误差值/%	I_0' 的相对误差/%
0.5						
5						

（7）单量限电流表两次测量法。

按图 3.8 线路进行实验,先用万用表 0.5 mA 电流量限直接测量,得 I_1。再串联附加电阻 $R=30\text{ }\Omega$ 进行第二次测量,得 I_2。求出电路中的实际电流 I' 之值。测算数据填入表3.7中。

表 3.7　单量限电流表两次测量法数据表

实际计算值 I/mA	两次测量值		测量计算值 I'/mA	I_1 的相对误差/%	I' 的相对误差/%
	I_1/mA	I_2/mA			

五、实验注意事项

（1）开启电源开关前,应将两路电压源的输出调节旋钮调至最小（逆时针旋到底）,并将恒流源的输出粗调旋钮拨到 2 mA 档,输出细调旋钮应调至最小。接通电源后,再根据需要缓慢调节。

（2）当恒流源输出端接有负载时,如果需要将其粗调旋钮由低档位向高档位切换时,必须先将其细调旋钮调至最小。否则输出电流会突增,可能会损坏外接器件。

（3）电压表应与被测电路并接,电流表应与被测电路串接,并且都要注意正、负极性与量程的合理选择。

（4）实验内容 1、2 中,R_1 的取值应与 R_B 相近。

（5）本实验仅测试指针式仪表的内阻。由于所选指针表的型号不同,本实验中所列的电流、电压量程及选用的 R_1、R_B 等均会不同。实验时应按选定的表型自行确定。

（6）实验中所用的 MF-47 型万用表属于较精确的仪表。在大多数情况下，直接测量误差不会太大。只有当被测电压源的内阻＞1/5 电压表内阻或者被测电流源内阻＜5 倍电流表内阻时，采用本实验的测量、计算法才能得到较满意的结果。

六、思考题

（1）根据实验内容 1 和 2，若已求出 0.5 mA 档和 2.5 V 档的内阻，可否直接计算得出 5 mA 档和 10 V 档的内阻？

（2）用量程为 10 A 的电流表测实际值为 8 A 的电流时，实际读数为 8.1 A，求测量的绝对误差和相对误差。

七、实验报告

（1）正确解答思考题。
（2）列表记录实验数据，并计算各被测仪表的内阻值。
（3）归纳、总结实验结果。
（4）心得体会及其他。

实验二　电路元件伏安特性的测绘

一、实验目的

（1）学会识别常用电路元件的方法。
（2）掌握线性电阻、非线性电阻元件及二极管的伏安特性测绘。
（3）掌握直流电工仪表和设备的使用方法。

二、实验原理

任何一个二端元件的特性可用该元件上的端电压 U 与通过该元件的电流 I 之间的函数关系 $I=f(U)$ 来表示，即用 I-U 平面上的一条曲线来表征，这条曲线称为该元件的伏安特性曲线。图 3.9 列出了几种元器件的伏安特性曲线。

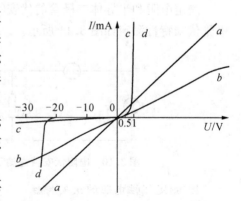

图 3.9　几种元器件的伏安特性曲线

（1）线性电阻器的伏安特性曲线是一条通过坐标原点的直线，如图 3.9 中 a 所示，该直线的斜率等于该电阻器的电阻值。

（2）一般的白炽灯在工作时灯丝处于高温状态，其灯丝电阻随着温度的升高而增大，通过白炽灯的电流越大，其温度越高，阻值也越大，一般灯泡的"冷电阻"与"热电阻"的阻值可相差几倍至十几倍，所以它的伏安特性如图 3.9 中 b 曲线所示。

（3）一般的半导体二极管是一个非线性电阻元件，其伏安特性如图 3.9 中 c 所示。正向压降很小（一般的锗管约为 0.2～0.3 V，硅管约为 0.5～0.7 V），正向电流随正向压降的升高而急骤上升,而反向电压从 0 一直增加至几十伏时,其反向电流增加很小,粗略地可视为零。可见,二极管具有单向导电性,但反向电压加得过高,超过管子的极限值,则会导致管子击穿损坏。

(4) 稳压二极管是一种特殊的半导体二极管,其正向特性与普通二极管类似,但其反向特性较特别,如图 3.9 中 *d* 所示。在反向电压开始增加时,其反向电流几乎为零,但当电压增加到某一数值时(称为管子的稳压值,有各种不同稳压值的稳压管)电流将突然增加,以后它的端电压将基本维持恒定,当外加的反向电压继续升高时其端电压仅有少量增加。

注意:流过二极管或稳压二极管的电流不能超过管子的极限值,否则管子会被烧坏。

三、实验设备

序号	名　称	型号与规格	数量	备注
1	直流稳压电源	0～30 V 可调	1	
2	万用表	FM-47 或其他	1	
3	直流数字毫安表	0～200 mA	1	
4	直流数字电压表	0～200 V	1	
5	二极管	IN4007	1	
6	稳压管	2CW51	1	
7	白炽灯	12 V,0.1 A	1	
8	线性电阻器	200 Ω,1 kΩ/8W	1	

四、实验内容

测定电阻和半导体二极管的伏安特性。电阻伏安特性测定电路如图 3.10 所示,半导体二极管伏安特性测定如图 3.11 所示。

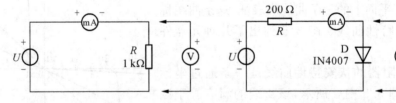

图 3.10　电阻伏安特性测定电路　　　图 3.11　二极管伏安特性测定电路

1. 测定线性电阻的伏安特性

按图 3.10 接线,调节稳压电源的输出电压 U,从 0 V 开始缓慢地增加,一直到 10 V,记录电压 U_R 和电流 I 的值。测量数据填入表 3.8 中。

表 3.8 线性电阻伏安特性测定数据表

U_R/V	0	2	4	6	8	10
I/mA						

2. 测定非线性白炽灯泡的伏安特性

将图 3.10 中的 R 换成一只 12 V,0.1 A 的灯泡,重复 1 步骤。U_L 为灯泡的端电压。测量数据填入表 3.9 中。

表 3.9 非线性白炽灯泡伏安特性测定数据表

U_L/V	0.1	0.5	1	2	3	4	5
I/mA							

3. 测定半导体二极管的伏安特性

按图 3.11 接线,R 为限流电阻器。测二极管的正向特性时,其正向电流不得超过 35 mA,二极管 D 的正向施压 U_{D+} 可在 0~0.75 V 之间取值。在 0.5~0.75 V 之间应多取几个测量点。测反向特性时,只需将图 3.11 中的二极管 D 反接,且其反向施压 U_{D-} 可达 30 V。

测量数据分别填入表 3.10、表 3.11 中。

表 3.10 半导体二极管伏安特性正向特性数据表

U_{D+}/V	0.10	0.30	0.50	0.55	0.60	0.65	0.70	0.75
I/mA								

表 3.11 半导体二极管伏安特性反向特性数据表

U_{D-}/V	0	-5	-10	-15	-20	-25	-30
I/mA							

4. 测定稳压二极管的伏安特性

(1) 正向特性实验:将图 3.11 中的二极管换成稳压二极管 2CW51,重复实验内容 3 中的正向测量。U_{Z+} 为 2CW51 的正向施压。测量数据分别填入表 3.12 中。

表 3.12 稳压二极管伏安特性正向特性数据表

U_{Z+}/V							
I/mA							

(2) 反向特性实验:将图 3.11 中的 R 换成 1 kΩ,2CW51 反接,测量 2CW51 的反向特性。稳压电源的输出电压 U_0 从 0~20 V,测量 2CW51 二端的电压 U_{Z-} 及电流 I,由 U_{Z-} 可看出其稳压特性。测量数据分别填入表 3.13 中。

表 3.13 稳压二极管伏安特性反向特性数据表

U_0/V							
U_{Z-}/V							
I/mA							

五、实验注意事项

(1) 测二极管正向特性时,稳压电源输出应由小至大逐渐增加,应时刻注意电流表读数不得超过 35 mA。

(2) 如果要测定 2AP9 的伏安特性,则正向特性的电压值应取 0,0.10,0.13,0.15,0.17,0.19,0.21,0.24,0.30(V),反向特性的电压值取 0,2,4,…,10(V)。

(3) 进行不同实验时,应先估算电压和电流值,合理选择仪表的量程,勿使仪表超量程,仪表的极性亦不可接错。

六、思考题

(1) 线性电阻与非线性电阻的概念是什么?电阻器与二极管的伏安特性有何区别?

(2) 设某器件伏安特性曲线的函数式为 $I=f(U)$,试问在逐点绘制曲线时,其坐标变量应如何放置?

(3) 稳压二极管与普通二极管有何区别,其用途如何?

(4) 在图 3.11 中,设 $U=2$ V,$U_{D+}=0.7$ V,则电流表读数为多少?

七、实验报告

(1) 正确解答思考题。

(2) 根据实验数据,分别在方格纸上绘制出光滑的伏安特性曲线。(其中二极管和稳压管的正、反向特性均要求画在同一张图中,正、反向电压可取为不同的比例尺)。

(3) 误差原因分析。

(4) 归纳、总结实验结果。

(5) 心得体会及其他。

实验三　基尔霍夫定律的验证

一、实验目的

(1) 验证基尔霍夫定律的正确性,加深对基尔霍夫定律的理解。

(2) 学会用电流插头、插座测量各支路电流。

二、实验原理

基尔霍夫定律是电路的基本定律。测量某电路的各支路电流及每个元件两端的电压,应能分别满足基尔霍夫电流定律(KCL)和电压定律(KVL)。即对电路中的任一节点而言,应有 $\sum I = 0$;对任何一个闭合回路而言,应有 $\sum U = 0$。

运用上述定律进行计算验证时必须预先设定各支路中电流或电压的参考方向,电流、电压参考方向可任意设定。

三、实验设备

序号	名称	型号与规格	数量	备注
1	直流稳压电源	0～30 V 可调	二路	
2	数字万用表		1	
3	直流数字电压表	0～200 V	1	
4	直流数字毫安表	0～200 mA	1	
5	基尔霍夫定律实验电路板		1	

四、实验内容

实验线路如图 3.12 所示。三条支路电流 I_1、I_2、I_3 的方向及结点标记已设定。测量时按相应标记记录于表 3.14 中。

表 3.14　基尔霍夫定律验证测量数据表

被测量	I_1 /mA	I_2 /mA	I_3 /mA	U_1 /V	U_2 /V	U_{EA} /V	U_{AD} /V	U_{DE} /V	U_{AB} /V	U_{CD} /V
计算值										
测量值										
相对误差										

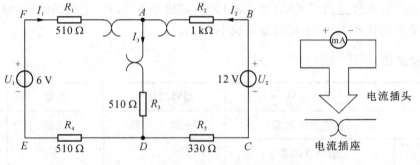

图 3.12　基尔霍夫定律验证实验线路图

五、实验注意事项

(1) 所有需要测量的电压值，均以电压表测量的读数为准。U_1、U_2 也需测量，不应取电源本身的显示值。

(2) 防止稳压电源两个输出端碰线短路。

(3) 用指针式电压表或电流表测量电压或电流时，如果仪表指针反偏，则必须调换仪表极性，重新测量。此时指针正偏，可读得电压或电流值。若用数显电压表或电流表测量，则可直接读出电压或电流值。但应注意：所读得的电压或电流值的正确正、负号应根据设定的电流参考方向来判断。

六、思考题

实验中,若用指针式万用表直流毫安档测各支路电流,在什么情况下可能出现指针反偏,应如何处理?在记录数据时应注意什么?若用直流数字毫安表测量如何显示?

七、实验报告

(1) 正确解答思考题。
(2) 根据实验数据,选定节点 A,验证 KCL 的正确性。
(3) 根据实验数据,选定实验电路中的任一闭合回路,验证 KVL 的正确性。
(4) 误差原因分析。
(5) 归纳、总结实验结果。
(6) 心得体会及其他。

实验四 叠加定理的验证

一、实验目的

验证线性电路叠加定理的正确性,加深对线性电路的叠加性和齐次性的认识和理解。

二、实验原理

叠加定理指出:在有多个独立源共同作用下的线性电路中,通过每一个元件的电流或其两端的电压,可以看成是由每一个独立源单独作用时在该元件上所产生的电流或电压的代数和。

线性电路的齐次性是指当激励(独立源)增加或减小 K 倍时,电路的响应(电路中各电阻元件上所建立的电流和电压)也将增加或减小 K 倍。

三、实验设备

序号	名 称	型号与规格	数量	备 注
1	直流稳压电源	0~30 V 可调	二路	
2	数字万用表		1	
3	直流数字电压表	0~200 V	1	
4	直流数字毫安表	0~200 mV	1	
5	叠加定理实验线路板		1	

四、实验内容

实验线路如图 3.13 所示。

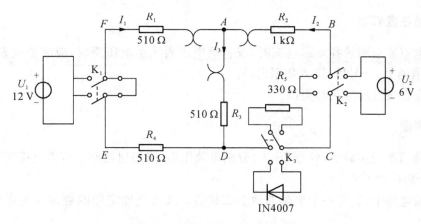

图 3.13 叠加定理验证实验线路图

（1）将两路稳压源的输出分别调节为 12 V 和 6 V，接入 U_1 和 U_2 处。

（2）令 U_1 电源单独作用（将开关 K_1 投向 U_1 侧，开关 K_2 投向短路侧）。用直流数字电压表和毫安表测量各支路电流及各电阻元件两端的电压，测量数据记录于表 3.15 中。

（3）令 U_2 电源单独作用（将开关 K_1 投向短路侧，开关 K_2 投向 U_2 侧），用直流数字电压表和毫安表测量各支路电流及各电阻元件两端的电压，测量数据记录于表 3.15 中。

（4）线性电路叠加性验证。令 U_1 和 U_2 共同作用（开关 K_1 和 K_2 分别投向 U_1 和 U_2 侧），用直流数字电压表和毫安表测量各支路电流及各电阻元件两端的电压，测量数据记录于表 3.15 中。

（5）线性电路齐次性验证。将 U_2 的数值由 6 V 调至 +12 V，用直流数字电压表和毫安表测量各支路电流及各电阻元件两端的电压，测量数据记录于表 3.15 中。

表 3.15 叠加定理验证测量数据表（线性电阻电路）

测量项目 实验内容	U_1/V	U_2/V	I_1/mA	I_2/mA	I_3/mA	U_{AB} /V	U_{CD} /V	U_{AD} /V	U_{DE} /V	U_{FA} /V
U_1 单独作用	12	0								
U_2 单独作用	0	6								
U_1、U_2 共同作用	12	6								
$2U_2$ 单独作用	0	12								

（6）将 R_5（330 Ω）换成二极管 IN4007（即将开关 K_3 投向二极管 IN4007 侧），重复 1～5 的测量过程，测量数据记录于表 3.16 中。

表 3.16 叠加定理验证测量数据表（含非线性元件电路）

测量项目 实验内容	U_1/V	U_2/V	I_1/mA	I_2/mA	I_3/mA	U_{AB}/V	U_{CD}/V	U_{AD}/V	U_{DE}/V	U_{FA}/V
U_1 单独作用	12	0								
U_2 单独作用	0	6								
U_1、U_2 共同作用	12	6								
$2U_2$ 单独作用	0	12								

五、实验注意事项

(1) 用电流插头测量各支路电流时,或者用电压表测量电压降时,应注意仪表的极性,正确判断测得值的+、-号后,记入数据表格。

(2) 注意仪表量程的及时更换。

六、思考题

(1) 在叠加原理实验中,要令 U_1、U_2 分别单独作用,应如何操作? 可否直接将不作用的电源(U_1 或 U_2)短接置零?

(2) 实验电路中,若有一个电阻器改为二极管,试问叠加定理的叠加性与齐次性还成立吗? 为什么?

(3) 各电阻器所消耗的功率能否用叠加定理计算得出? 试用上述实验数据,进行计算并作结论。

七、实验报告

(1) 正确解答思考题。

(2) 根据表 3.15 数据,进行分析、比较,验证线性电路的叠加性与齐次性。

(3) 分析表 3.16 数据,并得出相应结论。

(4) 误差原因分析。

(5) 归纳、总结实验结果。

(6) 心得体会及其他。

实验五　戴维南定理和诺顿定理的验证
——有源二端网络等效参数的测定

一、实验目的

(1) 验证戴维南定理和诺顿定理的正确性,加深对该定理的理解。

(2) 掌握有源二端网络等效参数测量的一般方法。

(3) 验证线性有源二端网络的最大功率传输定理。

二、原理说明

(1) 任何一个线性有源二端网络,如果仅研究其中一条支路的电压和电流,则可将电路的其余部分看作是一个有源二端网络(或称为有源一端口网络)。

戴维南定理指出:任何一个线性有源二端网络,总可以用一个电压源与一个电阻的串联来等效代替,此电压源的激励电压等于这个有源二端网络的开路电压 U_{OC},电阻等于该网络中所有独立源均置零(理想电压源视为短接,理想电流源视为开路)后的等效电阻 R_{eq}。

诺顿定理指出:任何一个线性有源二端网络,总可以用一个电流源与一个电阻的并联组合来等效代替,此电流源的激励电流等于这个有源二端网络的短路电流 I_{sc},其等效内阻

R_{eq}定义同戴维南定理。

U_{OC}和R_{eq}或者I_{SC}和R_{eq}称为有源二端网络的等效参数。

（2）有源二端网络等效参数的测量方法。

① 开路电压、短路电流法测R_0。

在有源二端网络输出端开路时，用电压表直接测其输出端的开路电压U_{OC}，然后再将其输出端短路，用电流表测其短路电流I_{SC}，则等效内阻为

$$R_{eq} = \frac{U_{OC}}{I_{SC}}$$

如果二端网络的内阻很小，若将其输出端口短路则易损坏其内部元件，因此不宜用此法。

② 伏安法测R_{eq}。

用电压表、电流表测出有源二端网络的外特性曲线，如图 3.14 所示。根据外特性曲线求出斜率$\tan\varphi$，则内阻：

$$R_{eq} = \tan\varphi = \frac{\Delta U}{\Delta I} = \frac{U_{OC}}{I_{SC}}$$

也可以先测量开路电压U_{OC}，再测量电流为额定值I_t时的输出端电压值U_t，则内阻为：$R_{eq} = \dfrac{U_{OC} - U_t}{I_t}$

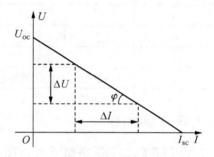

图 3.14　有源二端网络的外特性曲线

③ 半电压法测R_{eq}。

如图 3.15 所示，由电阻串联分压性质可知，当负载电压为被测网络开路电压的一半时，负载电阻（由电阻箱的读数确定）即为被测有源二端网络的等效内阻值。

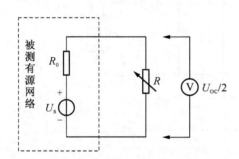

图 3.15　半电压法测R_{eq}实验线路图

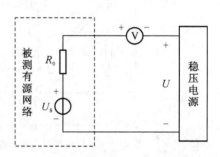

图 3.16　零示法测U_{OC}实验线路图

④ 零示法测U_{OC}。

在测量具有高内阻有源二端网络的开路电压时，用电压表直接测量会造成较大的误差。为了消除电压表内阻的影响，常采用零示测量法，如图 3.16 所示。

零示法测量原理是用一低内阻的稳压电源与被测有源二端网络进行比较，当稳压电源的输出电压与有源二端网络的开路电压相等时，电压表的读数将为"0"。然后将电路断开，测量此时稳压电源的输出电压，即为被测有源二端网络的开路电压。

（3）最大功率传输定理指出：将有源二端网络用戴维南等效电路代替，其参数为U_{OC}与R_{eq}，当负载R_L满足$R_L = R_{eq}$时，负载R_L将获得最大功率为：

$$P_L = \frac{U_{OC}^2}{4R_{eq}}$$

此时,称负载 R_L 与有源二端网络的等效内阻匹配。

三、实验设备

序号	名　　称	型号与规格	数量	备注
1	直流稳压电源	0～30 V 可调	1	
2	直流恒流源	0～500 mA 可调	1	
3	直流数字电压表	0～200 V	1	
4	直流数字毫安表	0～200 mA	1	
5	万用表		1	
6	可调电阻箱	0～99 999.9 Ω	1	
7	电位器	1 k/2W	1	
8	戴维南定理实验线路板		1	

四、实验内容

被测有源二端网络如图 3.17(a)所示。

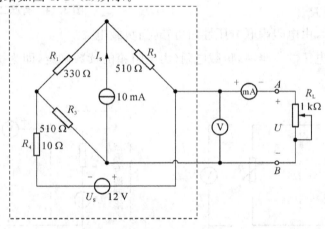

(a) 有源二端网络

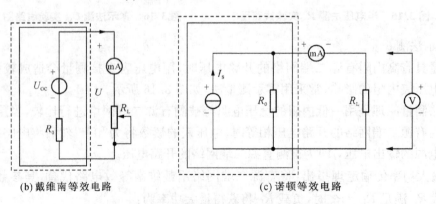

(b) 戴维南等效电路　　　　　　　(c) 诺顿等效电路

图 3.17　戴维南定理、诺顿定理验证实验线路图

1. 开路电压、短路电流法测定有源二端网络参数

用开路电压、短路电流法测定戴维南等效电路的 U_{OC}、R_{eq} 和诺顿等效电路的 I_{SC}、R_{eq}。按图 3.17(a)接入稳压电源 $U_S=12$ V 和恒流源 $I_S=10$ mA。测出 U_{OC} 和 I_{SC}，并计算出 R_{eq}。测算数据记录于表 3.17 中。

表 3.17　有源二端网络参数测算数据表

U_{OC}/V	I_{SC}/mA	$R_{eq}=U_{OC}/I_{SC}/\Omega$

2. 有源线性二端网络的外特性

按图 3.17(a)接入 R_L。改变 R_L 阻值，测量有源二端网络的外特性曲线。测量数据记录于表 3.18 中。

表 3.18　有源线性二端网络的外特性测量数据表

R_L/Ω	0	100	200	400	R_{eq}	600	800	1k	2k	5k	∞
U/V											
I/mA											

3. 验证戴维南定理

搭建戴维南等效电路，如图 3.17(b)所示，测量数据记录于表 3.19 中。对戴维南定理进行验证。

表 3.19　戴维南等效电路外特性数据表

R_L/Ω	0	100	200	400	R_{eq}	600	800	1 k	2 k	5 k	∞
U/V											
I/mA											

4. 验证诺顿定理

搭建诺顿等效电路，如图 3.17(c)所示，测量数据记录于表 3.20 中。对诺顿定理进行验证。

表 3.20　诺顿等效电路外特性数据表

R_L/Ω	0	100	200	400	R_{eq}	600	800	1 k	2 k	5 k	∞
U/V											
I/mA											

5. 最大功率传输定理的验证

选择表 3.18 中数据，计算 R_L 的功率，记录于表 3.21 中。验证最大功率传输定理。

表 3.21　验证最大功率传输定理数据表

R_L/Ω	0	100	200	400	R_{eq}	600	800	1k	2k	5k	∞
P/W											

五、实验注意事项

（1）请实验前对线路 3.17(a)预先作好计算，以便调整实验线路及测量时可准确地选取电表的量程，测量时应注意电流表量程的更换。

（2）用万用表直接测 R_{eq} 时，网络内的独立源必须先置零，以免损坏万用表。其次，欧姆档必须经调零后再进行测量。

（3）改接线路时，要关掉电源。

六、思考题

（1）在求戴维南或诺顿等效电路时，作短路实验，测 I_{sc} 的条件是什么？在本实验中可否直接作负载短路实验？

（2）说明测有源二端网络开路电压及等效内阻的几种方法，并比较其优缺点。

七、实验报告

（1）正确解答思考题。

（2）根据实验内容 2～4 分别绘出曲线，验证戴维南定理和诺顿定理的正确性。

（3）根据表 3.21 验证最大功率传输定理的正确性。

（4）误差原因分析。

（5）归纳、总结实验结果。

（6）心得体会及其他。

实验六　受控源 VCVS、VCCS、CCVS、CCCS 的实验研究

一、实验目的

（1）通过测试受控源的外特性及其转移参数，进一步理解受控源的物理概念。

（2）加深对受控源的认识和理解。

二、实验原理

（1）电源有独立电源(如电池、发电机等)与非独立电源(或称为受控源)之分。

受控源与独立源的不同点是：独立源在数值上为某一固定的数值或是时间的某一函数，它不随电路其余部分的状态而变。而受控源的电压或电流值是随电路中另一支路的电压或电流的变化而变化。

受控源又不同于无源元件，无源元件两端的电压和它自身的电流有一定的函数关系，而受控源的输出电压或电流则和另一支路(或元件)的电流或电压有某种函数关系。

（2）独立源与无源元件是二端器件，受控源则是四端器件，或称为双口元件。它有一对输入端(U_1、I_1)和一对输出端(U_2、I_2)。输入端可以控制输出端电压或电流的大小。施加于输入端的控制量可以是电压或电流，因而有两种受控电压源(即电压控制电压源 VCVS 和电流控制电压源 CCVS)和两种受控电流源(即电压控制电流源 VCCS 和电流控制电流源 CCCS)。如图 3.18 所示。

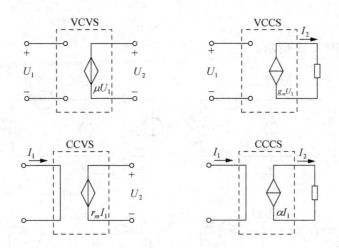

图 3.18　几种受控源电路示意图

（3）当受控源的输出电压（或电流）与控制支路的电压（或电流）成正比变化时，则称该受控源是线性的。

理想受控源的控制支路中只有一个独立变量（电压或电流），另一个独立变量等于零，即从输入口看，理想受控源或者是短路（即输入电阻 $R_1=0$，因而 $U_1=0$）或者是开路（即输入电导 $G_1=0$，因而输入电流 $I_1=0$）；从输出口看，理想受控源或是一个理想电压源或者是一个理想电流源。

（4）受控源的控制端与受控端的关系式称为转移函数。

四种受控源的转移函数参量的定义如下：

（1）VCVS：$U_2=f(U_1)$，$\mu=U_2/U_1$，称为转移电压比（或电压增益）。

（2）VCCS：$I_2=f(U_1)$，$g_m=I_2/U_1$，称为转移电导。

（3）CCVS：$U_2=f(I_1)$，$r_m=U_2/I_1$，称为转移电阻。

（4）CCCS：$I_2=f(I_1)$，$\alpha=I_2/I_1$，称为转移电流比（或电流增益）。

三、实验设备

序号	名　称	型号与规格	数量	备注
1	直流稳压源	0～30 V 可调	1	
2	可调恒流源	0～500 mA 可调	1	
3	直流数字电压表	0～200 V	1	
4	直流数字毫安表	0～200 mA	1	
5	可变电阻箱	0～99 999.9 Ω	1	
6	受控源实验线路板		1	

四、实验内容

实验线路图如图 3.19 所示。

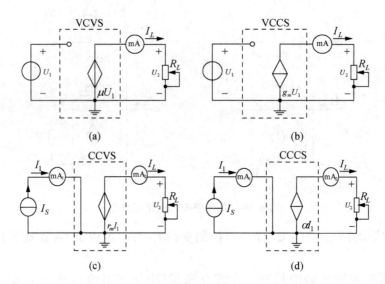

图 3.19　四种受控源特性参数测定实验线路图

（1）测量受控源 VCVS 的转移特性 $U_2 = f(U_1)$ 及负载特性 $U_2 = f(I_L)$，实验线路如图 3.19(a)所示。

① 不接电流表，固定 $R_L = 2\,\mathrm{k\Omega}$，调节稳压电源输出电压 U_1，测量 U_1 及相应的 U_2 值，测量数据填入表 3.22 中。在线性部分求出转移电压比 μ。

② 接入电流表，保持 $U_1 = 2\,\mathrm{V}$，调节 R_L 可变电阻箱的阻值，测 U_2 及 I_L。测量数据填入表 3.23 中。

表 3.22　VCVS 转移特性测算实验数据表

U_1/V	0	1	2	3	5	7	8	9	μ
U_2/V									

表 3.23　VCVS 负载特性测定实验数据表

R_L/Ω	50	70	100	200	300	400	500	∞
U_2/V								
I_L/mA								

（2）测量受控源 VCCS 的转移特性 $I_L = f(U_1)$ 及负载特性 $I_L = f(U_2)$，实验线路如图 3.19(b)所示。

① 固定 $R_L = 2\,\mathrm{k\Omega}$，调节稳压电源的输出电压 U_1，测出相应的 I_L 值，测量数据填入表 3.24 中。并由其线性部分求出转移电导 g_m。

② 保持 $U_1 = 2\,\mathrm{V}$，令 R_L 从大到小变化，测出相应的 I_L 及 U_2，测量数据填入表 3.25 中。

表 3.24 VCCS 转移特性测算实验数据表

U_1/V	0.1	0.5	1.0	2.0	3.0	3.5	3.7	4.0	g_m
I_L/mA									

表 3.25 VCCS 负载特性测定实验数据表

$R_L/k\Omega$	50	20	10	8	7	6	5	4	2	1
I_L/mA										
U_2/V										

(3) 测量受控源 CCVS 的转移特性 $U_2 = f(I_1)$ 与负载特性 $U_2 = f(I_L)$，实验线路如图 3.19(c)所示。

① 固定 $R_L = 2 \text{ k}\Omega$，调节恒流源的输出电流 I_1，按下表所列 I_1 值，测出 U_2，测量数据填入表 3.26 中。由其线性部分求出转移电阻 r_m。

② 保持 $I_1 = 2 \text{ mA}$，按下表所列 R_L 值，测出 U_2 及 I_L，测量数据填入表 3.27 中。

表 3.26 CCVS 转移特性测算实验数据表

I_1/mA	0.1	1.0	3.0	5.0	7.0	8.0	9.0	9.5	r_m
U_2/V									

表 3-27 CCVS 负载特性测定实验数据表

$R_L/k\Omega$	0.5	1	2	4	6	8	10
U_2/V							
I_L/mA							

(4) 测量受控源 CCCS 的转移特性 $I_2 = f(I_1)$ 及负载特性 $I_2 = f(U_2)$，实验线路如图 3.19(d)所示。

① 固定 $R_L = 2 \text{ k}\Omega$，调节恒流源的输出电流 I_1，按下表所列 I_1 值，测出 I_L，测量数据填入表 3.28 中。由其线性部分求出转移电流比 α。

② 保持 $I_1 = 1 \text{ mA}$，令 R_L 为下表所列值，测出 I_L，测量数据填入表 3.29 中。

表 3.28 CCCS 转移特性测算实验数据表

$I_1(mA)$	0.1	0.2	0.5	1	1.5	2	2.2	α
$I_L(mA)$								

表 3.29 CCCS 负载特性测定实验数据表

$R_L/k\Omega$	0	0.1	0.5	1	2	5	10	20	30	80
I_L/mA										
U_2/V										

五、实验注意事项

(1) 每次组装线路，必须事先断开供电电源，但不必关闭电源总开关。

(2)用恒流源供电的实验中,不要使恒流源的负载开路。

六、思考题

(1)四种受控源中的 r_m、g_m、α 和 μ 的意义是什么? 如何测得?
(2)若受控源控制量的极性反向,试问其输出极性是否发生变化?
(3)受控源的控制特性是否适合于交流信号?
(4)如何由两个基本的 CCVS 和 VCCS 获得其他两个 CCCS 和 VCVS,它们的输入输出如何连接?

七、实验报告

(1)正确解答思考题。
(2)根据实验数据,在方格纸上分别绘出四种受控源的转移特性和负载特性曲线,并求出相应的转移参量。
(3)误差原因分析。
(4)归纳、总结实验结果。
(5)心得体会及其他。

实验七　RC 一阶电路的响应测试

一、实验目的

(1)测定一阶 RC 电路的零输入响应、零状态响应及全响应。
(2)学习电路时间常数的测量方法。
(3)掌握有关微分电路和积分电路的概念。
(4)进一步学会用示波器观测波形。

二、实验原理

(1)一阶电路及其过渡过程。

含有储能元件的电路称为动态电路。当动态电路的特性可以用一阶微分方程描述时,称该电路为一阶电路。对处于稳态的动态电路,当电路结构或参数发生变化时,可能使电路改变原来的工作状态,转变到另一个工作状态,这种转变往往需要经历一个过程,在工程上称为过渡过程。

电路的过渡过程分为零输入响应、零状态响应和全响应 3种情况。图 3.20 所示的一阶 RC 电路,若响应为电容电压 u_c,则全响应为:

$$u_c(t) = U_m + [u_c(0_+) - U_m]e^{-t/\tau}$$

式中,$u_c(0_+)$ 为电容初始电压,U_m 为电路外加直流电压激励,$\tau = RC$ 为时间常数。

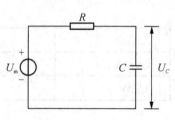

图 3.20　RC 一阶电路图

全响应可以看成是零输入响应和零状态响应的叠加。

① 当 $u_c(0_+)=0$，即电容初始储能为零时，有：

$$u_c(t) = U_m(1 - e^{-t/\tau})$$

此时为仅由外加激励引起的零状态响应。

② 当 $u_s=0$，即外加激励为零时，有：

$$u_c(t) = u_c(0_+)e^{-t/\tau}$$

此时为仅由电容初始储能引起的零输入响应。

动态网络的过渡过程是十分短暂的单次变化过程。要用普通示波器观察过渡过程和测量有关的参数，就必须使这种单次变化的过程重复出现。为此，我们利用信号发生器输出的方波来模拟阶跃激励信号，即利用方波输出的上升沿作为零状态响应的正阶跃激励信号；利用方波的下降沿作为零输入响应的负阶跃激励信号。只要选择方波的重复周期远大于电路的时间常数 τ，那么电路在这样的方波序列脉冲信号的激励下，它的响应就和直流电接通与断开的过渡过程是基本相同的。

一阶 RC 电路的零输入响应和零状态响应分别按指数规律衰减和增长，其变化的快慢决定于电路的时间常数 τ。

（2）时间常数 τ 的测定方法。

用示波器测量零输入响应的波形如图 3.21(a)所示。

设 $u_c(0_+)=U_m$，由零输入响应方程 $u_c(t)=u_c(0_+)e^{-t/\tau}$ 知，当 $t=\tau$ 时，$U_c(\tau)=0.368\,U_m$。此时所对应的时间就等于 τ。亦可用零状态响应波形增加到 $0.632\,U_m$ 所对应的时间测得，如图 3.21(b)所示。

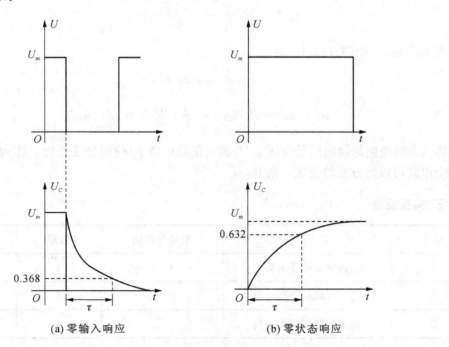

(a) 零输入响应　　　　　　　　(b) 零状态响应

图 3.21　一阶 RC 电路零输入响应、零状态响应波形图

（3）微分电路和积分电路。

微分电路和积分电路对电路元件参数和输入信号的周期有着特定的要求。是一阶 RC 电路中较典型的电路。

若一阶 RC 电路的响应 u_o 取自电阻两端电压，即 $u_o = u_R$，如图 3.22(a)所示，u_s 是周期为 T 的方波脉冲序列，则当满足 $\tau = RC \ll T/2$ 时，有：

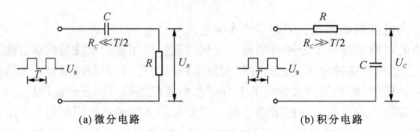

(a) 微分电路　　　　　　　　　　(b) 积分电路

图 3.22　微分电路与积分电路

$$u_R \ll u_C, u_C \approx u_s$$

$$u_o = u_R = RC \frac{du_C}{dt} \approx RC \frac{du_s}{dt}$$

因为此时电路的输出信号电压 u_o 与输入信号电压 u_s 的微分成正比。称为微分电路。利用微分电路可以将方波转变成尖脉冲。

若一阶 RC 电路的响应 u_o 为电容电压 u_C，如图 3.22 (b)所示，可得：

$$u_o = u_C = \frac{1}{C} \int i_C dt$$

则当满足 $\tau = RC \gg T/2$ 时，有：

$$u_C \ll u_R, u_R \approx u_s$$

$$u_o = u_C = \frac{1}{C} \int i_C dt = \frac{1}{C} \int \frac{u_R}{R} dt \approx \frac{1}{RC} \int u_s dt$$

因为此时电路的输出信号电压 u_o 与输入信号电压 u_s 的积分成正比。称为积分电路。利用积分电路可以将方波转变成三角波。

三、实验设备

序号	名　　称	型号与规格	数量	备注
1	函数信号发生器		1	
2	双踪示波器	20 M	1	
3	动态电路实验线路板		1	

四、实验内容

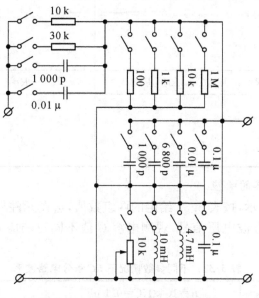

图 3.23　RC 一阶电路实验线路图

实验线路板如图 3.23 所示,请认清 R、C 元件标称值,各开关的通断位置等。

1. 观测一阶 RC 电路充、放电过程及时间常数 τ 的测定

按表 3.30 给定的两组数值,选择实验线路板上的 R、C 元件。激励取 $U_m = 3$ V、$f = 1$ kHz 的方波电压信号,用双踪示波器同时观测激励 u_s 与响应 u_c 的变化规律,测算出时间常数 τ,测算数据及波形填入表 3.30 中。

表 3.30　不同参数时 RC 电路充、放电过程及 τ 的测算

参数		$R = 10\ \mathrm{k\Omega}, C = 3\ 300\ \mathrm{pF}$	$R = 10\ \mathrm{k\Omega}, C = 0.1\ \mu\mathrm{F}$
时间常数 $\tau(\mu\mathrm{s})$	计算值		
	实测值		
实测波形			

2. 观测 RC 微分电路的响应

电路如图 3.22(a)所示,按表 3.31 给定的四组数值,选择元件板上的 R、C 元件。激励取 $U_m = 3$ V、$f = 1$ kHz 的方波电压信号,观测电容 C 值不同对响应 u_R 的影响,波形记录于表 3.31 中。

表 3.31　不同参数情况下 RC 微分电路波形

参数	$R=100\ \Omega, C=0.01\ \mu F$	$R=1\ k\Omega, C=0.01\ \mu F$
实测波形		
	$R=10\ k\Omega, C=0.01\ \mu F$	$R=1\ M\Omega, C=0.01\ \mu F$

3. 观测 RC 积分电路的响应

电路如图 3.22(b)所示,按表 3.32 给定的两组数值,选择元件板上的 R、C 元件。激励取 $U_m=3\ V$、$f=1\ kHz$ 的方波电压信号,观测电容 C 值不同对响应 u_c 的影响,波形记录于表 3.32 中。

表 3.32　不同参数情况下 RC 积分电路波形

参数	$R=10\ k\Omega, C=0.1\ \mu F$	$R=10\ k\Omega, C=0.2\ \mu F$
实测波形		

五、实验注意事项

(1) 调节电子仪器各旋钮时,动作不要过快、过猛。实验前,需熟读双踪示波器的使用说明书。观察双踪时,要特别注意相应开关、旋钮的操作与调节。

(2) 信号源的接地端与示波器的接地端要连在一起(称共地),以防外界干扰而影响测量的准确性。

(3) 示波器的辉度不应过亮,尤其是光点长期停留在荧光屏上不动时,应将辉度调暗,以延长示波管的使用寿命。

六、思考题

(1) 什么样的电信号可作为一阶电路零输入响应、零状态响应和全响应的激励源?

(2) 已知一阶 RC 电路 $R=10\ k\Omega, C=0.1\ \mu F$,试计算时间常数 τ,并根据 τ 值的物理意义,拟定测量 τ 的方案。

(3) 何谓积分电路和微分电路,它们必须具备什么条件? 它们在方波序列脉冲的激励下,其输出信号波形的变化规律如何? 这两种电路有何功用?

七、实验报告

(1) 正确解答思考题。

(2) 根据实验观测结果,在方格纸上绘出一阶 RC 电路充放电时 u_c 的变化曲线,由曲线测得 τ 值,并与参数值的计算结果作比较,分析误差原因。

(3) 根据实验观测结果,总结积分电路和微分电路的形成条件,阐明波形变换的特征。

(4) 归纳、总结实验结果。

(5) 心得体会及其他。

实验八 R、L、C 元件阻抗频率特性测定

一、实验目的

(1) 验证电阻、感抗、容抗与频率的关系,测定 $R \sim f$、$X_L \sim f$ 及 $X_C \sim f$ 特性曲线。

(2) 加深理解 R、L、C 元件端电压与电流间的相位关系。

二、实验原理

(1) 在正弦交变信号作用下,R、L、C 电路元件在电路中的抗流作用与信号的频率有关,它们的阻抗频率特性 $R \sim f$、$X_L \sim f$ 及 $X_C \sim f$ 曲线如图 3.24 所示。

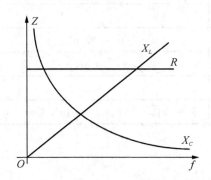

图 3.24 $R \sim f$、$X_L \sim f$ 及 $X_C \sim f$ 曲线

(2) 元件阻抗频率特性的测量电路如图 3.25 所示。

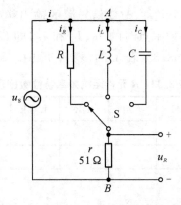

图 3.25 元件阻抗频率特性测量电路

　　图中的r是提供测量回路电流用的标准小电阻,由于r的阻值远小于被测元件的阻抗值,因此可以认为AB之间的电压就是被测元件R、L或C两端的电压,流过被测元件的电流则可由r两端的电压除以r所得。

　　若用双踪示波器同时观察r与被测元件两端的电压,亦就展现出被测元件两端的电压和流过该元件电流的波形,从而可在荧光屏上测出电压与电流的幅值及它们之间的相位差。

　　将元件R、L、C串联或并联相接,亦可用同样的方法测得等效阻抗频率特性$Z{\sim}f$曲线,根据电压、电流的相位差可判断其是容性负载。元件的阻抗角(即相位差φ)随输入信号的频率变化而改变,阻抗角的频率特性曲线可用实验方法测得。用双踪示波器测量阻抗角的方法如图3.26所示。相位差φ(阻抗角)为:

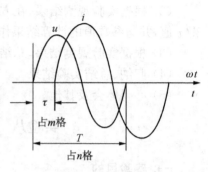

图 3.26　阻抗角测量方法

$$\varphi = \frac{\tau}{T} \times 360°$$

三、实验设备

序号	名　称	型号与规格	数量	备注
1	函数信号发生器		1	
2	交流毫伏表	$0{\sim}600\ \text{mV}$	1	
3	双踪示波器	20 M	1	
4	频率计		1	
5	实验线路元件	$R=1\ \text{k}\Omega, r=51\ \Omega, C=1\ \mu\text{F}, L\approx10\ \text{mH}$	1	

四、实验内容

1. 测量R、L、C元件的阻抗频率特性

　　实验线路如图3.25所示,函数信号发生器输出正弦电压作为激励,有效值为$U=3\ \text{V}$,并在整个实验过程中保持不变。

　　开关S分别接通R、L、C三个元件,改变信号源的输出频率,从200 Hz逐渐增至5 kHz,用交流毫伏表测量U_r,并计算各频率点时的I_R、I_L和I_C(即U_r/r)以及$R=U/I_R$、$X_L=U/I_L$及$X_C=U/I_C$之值。分别填入表3.33、表3.34、表3.35中。

表 3.33　R元件阻抗频率特性数据表

频率f/Hz		200	400	600	1 k	1.6 k	2 k	3 k	4 k	5 k
测量值	U_R/V									
	U_r/V									

续表

频率 f/Hz		200	400	600	1 k	1.6 k	2 k	3 k	4 k	5 k
计算值	I_R/mA									
	R/kΩ									

表 3.34　L 元件阻抗频率特性数据表

频率 f/Hz		200	400	600	1 k	1.6 k	2 k	3 k	4 k	5 k
测量值	U_L/V									
	U_r/V									
计算值	I_L/mA									
	X_L/kΩ									

表 3.35　C 元件阻抗频率特性数据表

频率 f(Hz)		200	400	600	1 k	1.6 k	2 k	3 k	4 k	5 k
测量值	U_C/V									
	U_r/V									
计算值	I_C/mA									
	X_C/kΩ									

2. L、C 元件的相频特性

实验线路如图 3.25 所示,用双踪示波器观察在不同频率下 R、L 串联和 R、C 串联电路阻抗角的变化情况,并计算 φ。测算数据填入表 3.36 中。

表 3.36　R、L 串联和 R、C 串联电路相频特性数据表

	频率 f/Hz		200	400	600	1 k	1.6 k	2 k	3 k	4 k	5 k
RL 串联	测量值	T/ms									
		τ/ms									
	计算值	φ/度									
RC 并联	测量值	T/ms									
		τ/ms									
	计算值	φ/度									

五、实验注意事项

(1) 交流毫伏表属于高阻抗电表,测量前必须先调零。

(2) 由于信号源内阻的影响,调节信号源频率时,应同时注意输出幅度的变化。

六、思考题

测量 R、L、C 各个元件的阻抗角时,为什么要与它们串联一个小电阻? 可否用一个小电感或大电容代替? 为什么?

七、实验报告

(1) 正确解答思考题。
(2) 根据实验数据,在方格纸上绘制 R、L、C 三个元件的阻抗频率特性曲线。
(3) 根据实验数据,在方格纸上绘制 RL 和 RC 串联电路的阻抗角频率特性曲线。
(4) 误差原因分析。
(5) 归纳、总结实验结果。
(6) 心得体会及其他。

实验九　正弦稳态交流电路相量的研究

一、实验目的

(1) 研究正弦稳态交流电路中电压、电流相量之间的关系。
(2) 掌握日光灯线路的接线。
(3) 理解改善电路功率因数的意义并掌握其方法。

二、实验原理

(1) 在单相正弦交流电路中,用交流电流表测得各支路的电流值,用交流电压表测得回路各元件两端的电压值,它们之间的关系满足相量形式的基尔霍夫定律,即:

$$\sum \dot{I} = 0$$
$$\sum \dot{U} = 0$$

(2) 图 3.27(a)所示的 RC 串联电路,在正弦稳态信号 $\dot{U}$ 的激励下,$\dot{U}_R$ 与 $\dot{U}_C$ 保持有90°的相位差,即当 R 阻值改变时,$\dot{U}_R$ 的相量轨迹是一个半圆。$\dot{U}$、$\dot{U}_R$ 与 $\dot{U}_C$ 三者形成一个直角电压三角形,如图 3.27(b)所示。R 值改变时,可改变 φ 角的大小,从而达到移相的目的。

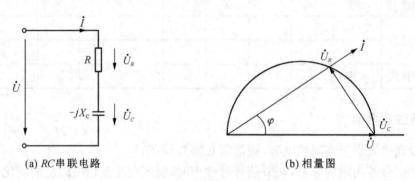

(a) RC串联电路　　　　　　　　　　　(b) 相量图

图 3.27　RC 串联电路及相量图

(3) 日光灯电路线路图如图 3.28 所示,图中 A 是日光灯管,L 是镇流器,S 是启辉器,C 是补偿电容器。由于镇流器电感线圈串联在电路中,所以日光灯是一种感性负载,为了改善日

光灯电路的功率因数（cosφ 值），在日光灯两端并联
补偿电容 C。

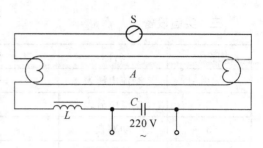

图 3.28　日光灯线路图

当电源开关接通时，电源电压立即通过镇流器
和灯管灯丝加到启辉器的两极，使启辉器的惰性气
体电离，产生辉光放电。辉光放电的热量使双金属
片受热膨胀，辉光产生的热量使 U 型动触片膨胀伸
长，跟静触片接通，于是镇流器线圈和灯管中的灯丝
就有电流通过。电流通过镇流器、启辉器触极和两
端灯丝构成通路。灯丝很快被电流加热，发射出大

量电子。这时，由于启辉器两极闭合，两极间电压为零，辉光放电消失，管内温度降低；双金属
片自动复位，两极断开。在两极断开的瞬间，电路电流突然切断，镇流器产生很大的自感电动
势，与电源电压叠加后作用于管两端。灯丝受热时发射出来的大量电子，在灯管两端高电压作
用下，以极大的速度由低电势端向高电势端运动。在加速运动的过程中，碰撞管内氩气分子，
使之迅速电离。氩气电离生热，热量使水银产生蒸气，随之水银蒸气也被电离，并发出强烈的
紫外线。在紫外线的激发下，管壁内的荧光粉发出近乎白色的可见光。

日光灯正常发光后，由于交流电不断通过镇流器的线圈，线圈中产生自感电动势，自感电
动势阻碍线圈中的电流变化。镇流器起到降压限流的作用，使电流稳定在灯管的额定电流范
围内，灯管两端电压也稳定在额定工作电压范围内。镇流器在启动时产生瞬时高压，在正常工
作时起降压限流作用；启辉器中电容器的作用是避免产生电火花。

日光灯参数测量实验电路如图 3.29 所示。

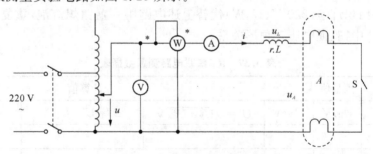

图 3.29　日光灯参数测量线路图

（4）日光灯电路功率因数的改善。通过并联电容的方式可以补偿日光灯电路的有功功率，提
高电路的功率因数，并联不同数值的电容，功率因数的改善情况不同，实验线路如图 3.30 所示。

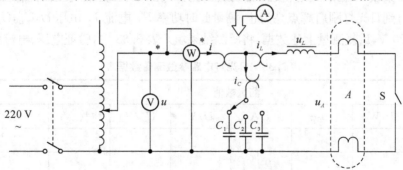

图 3.30　日光灯电路功率因数的改善实验线路图

三、实验设备

序号	名称	型号与规格	数量	备注
1	交流电压表	0~500 V	1	
2	交流电流表	0~5 A	1	
3	功率表		1	
4	自耦调压器		1	
5	镇流器、启辉器	与40 W灯管配用	各1	
6	日光灯灯管	40 W	1	
7	电容器	1 μF,2.2 μF,4.7 μF/500 V	各1	
8	白炽灯及灯座	220 V,15 W	1~3	
9	电流插座		3	

四、实验内容

1. RC 串联电路测量

按图 3.27(a)接线。R 为 220 V、15 W 的白炽灯泡,电容器为 4.7 μF/450 V。经指导教师检查后,接通实验台电源,将自耦调压器输出(即 U)调至 220 V。测量 U、U_R、U_C 值,测算数据填入表 3.37 中,验证电压三角形关系。

用两只并联白炽灯泡(220 V、15 W)代替上述电路中一盏白炽灯泡,重复上述测量,测算数据填入表 3.37 中,验证电压三角形关系。

表 3.37 RC 串联电路测量数据表

白炽灯盏数	测量值			计算值		
	U/V	U_R/V	U_C/V	$U' = \sqrt{U_R^2 + U_C^2}$/V	$\Delta U = U' - U$/ V	$\Delta U/U$/%
1						
2						

2. 日光灯电路参数的测量

按图 3.29 接线。经指导教师检查后接通实验台电源,调节自耦调压器的输出,使其输出电压缓慢增大,直到日光灯刚启辉点亮为止,测量此时功率 P,电流 I,电压 U、U_L、U_A 等值。然后将电压调至 220 V,重复测量上述数据,将所测结果填入表 3.38 中,验证电压、电流相量关系。

表 3.38 日光灯电路参数测量数据表

	测量数值							计算值
	P/W	$\cos\varphi$	I/A	U/V	U_L/V	U_A/V	r/Ω	$\cos\varphi$
启辉值								
正常工作值								

3. 日光灯电路功率因数的改善

按图 3.30 接线。经指导老师检查后,接通实验台电源,将自耦调压器的输出调至 220 V,记录相应参数值。改变电容值,进行三次重复测量。数据记录于表 3.39 中。

表 3.39　不同电容值时日光灯电路参数测量数据表

电容值(μF)	P/W	U/V	I/A	I_L/A	I_C/A	$\cos\varphi$
0						
1						
2.2						
4.7						

五、实验注意事项

(1) 本实验用交流市电 220 V,务必注意用电和人身安全。

(2) 功率表要正确接入电路。

(3) 线路接线正确,日光灯不能启辉时,应检查启辉器及其接触是否良好。

六、思考题

(1) 在日常生活中,当日光灯上缺少了启辉器时,人们常用一根导线将启辉器的两端短接一下,然后迅速断开,使日光灯点亮;或用一只启辉器去点亮多只同类型的日光灯,这是为什么?

(2) 图 3.29 电路中,镇流器等效内阻 r 的计算方法有几种? 分别说明。

(3) 为了改善电路的功率因数,常在感性负载上并联电容器,此时增加了一条电流支路,试问电路的总电流是增大还是减小,此时感性元件上的电流和功率是否改变?

(4) 提高线路功率因数为什么只采用并联电容器法,而不用串联法? 所并的电容器是否越大越好?

七、实验报告

(1) 正确解答思考题。

(2) 完成数据表格中的计算。

(3) 根据实验数据,分别绘出电压、电流相量图,验证相量形式的基尔霍夫定律。

(4) 讨论改善电路功率因数的意义和方法。

(5) 误差原因分析。

(6) 归纳、总结实验结果。

(7) 心得体会及其他。

3.2 提高性实验

实验一 二阶动态电路响应的研究

一、实验目的

(1) 测试二阶动态电路的零状态响应和零输入响应,了解电路元件参数对响应的影响。

(2) 观察、分析二阶电路响应的三种状态轨迹及其特点,以加深对二阶电路响应的认识与理解。

二、实验原理

二阶电路是用二阶微分方程描述和求解的电路。图 3.31 所示为二阶 *RLC* 串联电路。

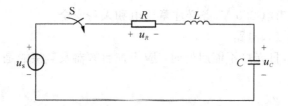

图 3.31 二阶 *RLC* 串联电路

以电容电压 u_c 为变量,电路的动态方程为:

$$LC\frac{d^2u_c}{dt^2} + RC\frac{du_c}{dt} + u_c = u_s$$

特征方程为:

$$LCp^2 + RCp + 1 = 0$$

求解的特征根为:

$$p_{1,2} = -\frac{R}{2L} \pm \sqrt{\left(\frac{R}{2L}\right)^2 - \frac{1}{LC}}$$

当 $R > 2\sqrt{\dfrac{L}{C}}$ 时,为过阻尼,p_1、p_2 为两个不相等的负实根,响应无振荡;

当 $R = 2\sqrt{\dfrac{L}{C}}$ 时,为临界阻尼,p_1、p_2 为两个相等的负实根,响应临界振荡;

当 $R < 2\sqrt{\dfrac{L}{C}}$ 时,为欠阻尼,p_1、p_2 为共轭复数根,响应为衰减振荡,特征根为:

$$p_{1,2} = -\frac{R}{2L} \pm \sqrt{\left(\frac{R}{2L}\right)^2 - \frac{1}{LC}} = -\delta \pm j\sqrt{\delta^2 - \omega_0^2}$$

式中,$\delta = 1/2RC$ 为衰减系数,$\omega_0 = \sqrt{\dfrac{1}{LC}}$ 为电路的谐振角频率,$\omega_d = \sqrt{\omega_0^2 - \delta^2}$ 为电路的衰

减振荡角频率。

对于欠阻尼情况，可从振荡响应波形测量出衰减系数 δ 和振荡角频率 ω_d。如图 3.32 所示，u_R 为 RLC 串联电路中电阻 R 上的电压，

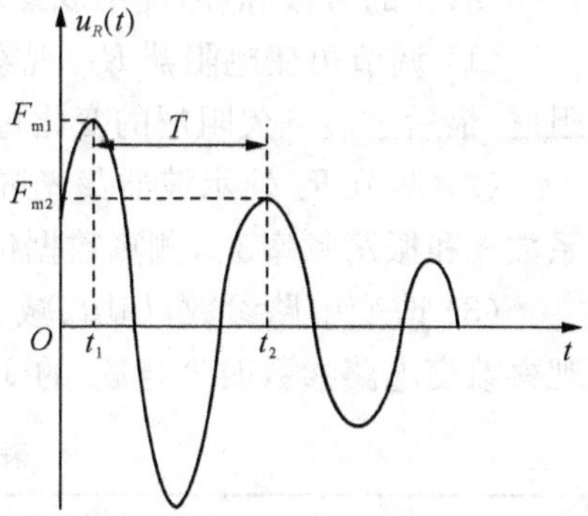

图 3.32　衰减振荡波形

由图 3.32 可知，振荡周期：

$$T = t_2 - t_1$$

因此有：

$$\omega_d = \frac{2\pi}{T} = \frac{2\pi}{t_2 - t_1}$$

再测任意两个相邻最大值 F_{m1}、F_{m2}，有如下关系：

$$\frac{F_{m1}}{F_{m2}} = e^{\delta t}$$

因此：

$$\delta = \frac{1}{T}\ln\frac{F_{m1}}{F_{m2}}$$

典型的二阶电路有 RLC 串联电路和 GCL 并联电路，二者之间存在着对偶关系。本实验以 GCL 并联电路为研究对象。

三、实验设备

序号	名　称	型号与规格	数量	备注
1	函数信号发生器		1	
2	双踪示波器		1	
3	动态电路实验线路板		1	

四、实验内容

如图 3.33 所示为 GCL 并联电路。

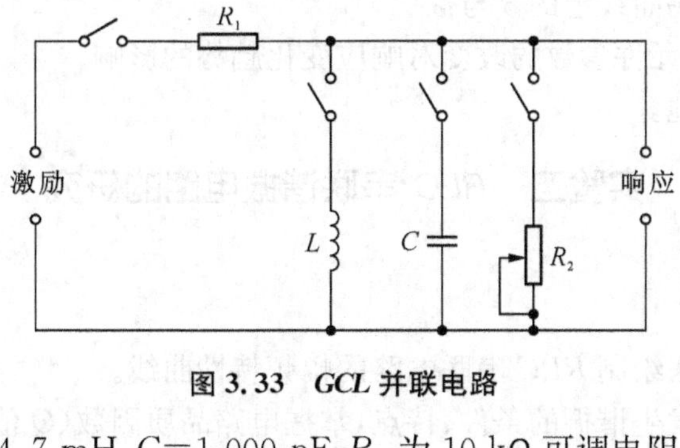

图 3.33　GCL 并联电路

令 $R_1 = 10\ k\Omega$，$L = 4.7\ mH$，$C = 1\ 000\ pF$，R_2 为 $10\ k\Omega$ 可调电阻。激励 u_s 为 $U_m = 3\ V$，

$f=1$ kHz 的方波脉冲,使用双踪示波器同时观测激励与响应。

（1）调节可变电阻器 R_2,观察二阶电路的零输入响应和零状态响应由过阻尼过渡到临界阻尼,最后过渡到欠阻尼的变化过渡过程,分别定性地描绘、记录响应的典型变化波形。

（2）调节 R_2 使示波器荧光屏上呈现稳定的欠阻尼响应波形,测定相关数据,并计算衰减系数 δ 和振荡频率 ω_d,测算数据记入表 3.40 中。

（3）改变电路参数,如增、减 L 或 C 之值,按表 3.40 给定参数值重复步骤 2 的测量,仔细观察改变电路参数时 δ 与 ω_d 的变化趋势,测算数据记入表 3.40 中。

表 3.40　*GCL* 并联电路测算数据表

次数＼参数	元作参数				测量值			计算值	
	R_1	R_2	L	C	$F_{m1}(V)$	$F_{m2}(V)$	$T(s)$	δ	ω_d
1	10 kΩ	调至欠阻尼状态	4.7 mH	1 000 pF					
2	10 kΩ		4.7 mH	0.01 μF					
3	30 kΩ		4.7 mH	0.01 μF					
4	10 kΩ		10 mH	0.01 μF					

五、实验注意事项

（1）调节 R_2 时,要细心、缓慢,临界阻尼要找准。

（2）双踪观察时,显示要稳定,如不同步,则可采用外同步法触发(看示波器说明)。

六、思考题

（1）根据二阶电路实验电路元件的参数,计算出处于临界阻尼状态的 R_2 之值。

（2）在示波器荧光屏上,如何测得二阶电路零输入响应欠阻尼状态的衰减常数 δ 和振荡频率 ω_d?

七、实验报告

（1）正确解答思考题。

（2）根据观测结果,在方格纸上描绘二阶电路过阻尼、临界阻尼和欠阻尼的响应波形。

（3）测算欠阻尼振荡曲线上的 δ 与 ω_d。

（4）归纳、总结电路元件参数的改变对响应变化趋势的影响。

（5）心得体会及其他。

实验二　*RLC* 串联谐振电路的研究

一、实验目的

（1）学习用实验方法绘制 *RLC* 串联电路的幅频特性曲线。

（2）加深理解电路发生谐振的条件、特点,掌握电路品质因数(*Q* 值)的物理意义及其测定方法。

二、原理说明

（1）在图 3.34 所示的 RLC 串联电路中，当正弦交流信号源的频率 f 改变时，电路中的感抗、容抗随之而变，电路中的电流也随 f 而变。

取电阻 R 上的电压 u_o 作为响应，当输入电压 u_i 的幅值保持不变时，在不同频率的信号激励下，测出 u_o 之值，然后以 f 为横坐标，以 u_o/u_i 为纵坐标绘出光滑的曲线，即为幅频特性曲线，亦称谐振曲线，如图 3.35 所示。

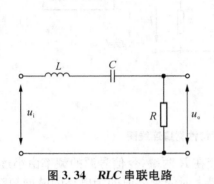

图 3.34　RLC 串联电路

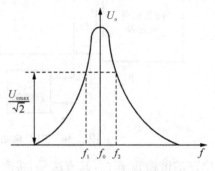

图 3.35　RLC 串联电路幅频特性曲线

（2）在 $f=f_o=\dfrac{1}{2\pi\sqrt{LC}}$ 处，即幅频特性曲线尖峰所在的频率点称为谐振频率。此时 $X_L=X_C$，电路呈纯阻性，电路阻抗模最小。在输入电压 u_i 为定值时，电路中的电流达到最大值，且与输入电压 u_i 同相位。从理论上讲，此时 $U_i=U_R=U_o$，$U_L=U_C=QU_i$，式中的 Q 称为电路的品质因数。

（3）电路品质因数 Q 值的两种测量方法

方法一：根据公式 $Q=\dfrac{U_L}{U_i}=\dfrac{U_C}{U_i}$ 测定，U_C 与 U_L 分别为谐振时电容 C 和电感 L 上的电压；

方法二：通过测量谐振曲线的通频带宽度 $\Delta f=f_2-f_1$，再根据 $Q=\dfrac{f_o}{f_2-f_1}$ 求出 Q 值。式中 f_o 为谐振频率，f_2 和 f_1 是失谐时，亦即输出电压的幅度下降到最大值的 $1/\sqrt{2}$（0.707）倍时的上、下频率点。Q 值越大，曲线越尖锐，通频带越窄，电路的选择性越好。在恒压源供电时，电路的品质因数、选择性与通频带只决定于电路本身的参数，而与信号源无关。

三、实验设备

序号	名　称	型号与规格	数量	备注
1	函数信号发生器		1	
2	交流毫伏表	$0\sim600$ mV	1	
3	双踪示波器		1	
4	频率计		1	
5	谐振电路实验线路板	$R=200\ \Omega,1\ \text{k}\Omega$ $C=0.01\ \mu\text{F},0.1\ \mu\text{F},$ $L\approx30\ \text{mH}$	各1	

四、实验内容

1. 测量 RLC 电路的幅频特性($R=200\ \Omega$)

按图 3.36 接线。用交流毫伏表测电压,用示波器监视信号源输出。令信号源输出有效值为 1 V 的正弦电压,并保持不变。取 $R=200\ \Omega$。

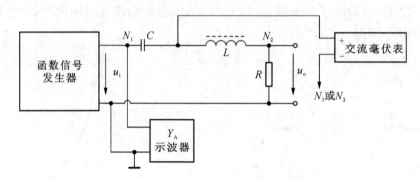

图 3.36 RLC 电路的幅频特性测量连线图

找出电路的谐振频率 f_o,其方法是,将毫伏表接在 R 两端,令信号源的频率由小逐渐变大(注意要维持信号源的输出幅度不变),当 U_R 读数最大时的频率值即为电路的谐振频率 f_o,测量 U_C 与 U_L 的值(注意及时更换毫伏表的量限)。测量数据填入表 3.41 中。

在谐振点两侧,以谐振点为中心,左右各取 7 个测量点,逐点测出 U_o、U_C 与 U_L 之值,测量数据填入表 3.41 中。

表 3.41 RLC 电路幅频特性数据表($R=200\ \Omega$)

f/f_o	0.3	0.4	0.5	0.6	0.7	0.8	0.9	1	2	3	4	5	6	7	8
U_o(V)															
U_C(V)															
U_L(V)															
$f_o=$ kHz , $f_1=$ kHz , $f_2=$ kHz , $f_2-f_1=$ kHz, $Q=$															

2. 测量 RLC 电路的幅频特性($R=1\ \text{k}\Omega$)

将电阻改为 $R=1\ \text{k}\Omega$,重复 1 的测量过程。数据填入表 3.42 中。

表 3.42 RLC 电路幅频特性数据表($R=1\ \text{k}\Omega$)

f/f_o	0.3	0.4	0.5	0.6	0.7	0.8	0.9	1	2	3	4	5	6	7	8
U_o(V)															
U_C(V)															
U_L(V)															
$f_o=$ kHz , $f_1=$ kHz , $f_2=$ kHz , $f_2-f_1=$ kHz, $Q=$															

五、实验注意事项

(1) 测试频率点的选择应在靠近谐振频率附近多取几点。在变换频率测试前,应调整信号输出幅度,使其维持在 1 V 不变。

(2) 测量 U_L 和 U_C 数值前,应及时增大毫伏表的量限,而且在测量 U_L 和 U_C 时,毫伏表的"+"端应接 L 与 C 的公共点,毫伏表的接地端应分别触及 L 与 C 的近地端 N_1 和 N_2。

(3) 实验中,信号源的外壳应与毫伏表的外壳绝缘(不共地)。如能用浮地式交流毫伏表测量,则效果更佳。

六、思考题

(1) 根据实验线路板给出的元件参数值,估算电路的谐振频率。

(2) 改变电路的哪些参数可以使电路发生谐振,电路中 R 的数值是否影响谐振频率值?

(3) 如何判别电路是否发生谐振? 测试谐振点的方案有哪些?

(4) 电路发生串联谐振时,为什么输入电压不能太大,如果信号源给出 3 V 的电压,电路谐振时,用交流毫伏表测 U_L 和 U_C,应该选择用多大的量限?

(5) 谐振时,比较输出电压 U_o 与输入电压 U_i 是否相等? 试分析原因。

(6) 要提高 R、L、C 串联电路的品质因数,电路参数应如何改变?

(7) 本实验在谐振时,对应的 U_L 和 U_C 是否相等? 如有差异,原因何在?

七、实验报告

(1) 正确解答思考题。

(2) 根据测量数据,绘出不同 R 时的两条谐振曲线。

(3) 计算出通频带与 Q 值,说明不同 R 值时对电路通频带与品质因数的影响。

(4) 对两种不同的测 Q 值的方法进行比较,分析误差原因。

(5) 总结、归纳串联谐振电路的特性。

(6) 心得体会及其他。

实验三　双口网络参数的测定

一、实验目的

(1) 加深理解双口网络的基本理论。

(2) 掌握直流双口网络传输参数的测量技术。

二、实验原理

对于任何一个线性网络,我们所关心的往往只是输入端口和输出端口的电压和电流之间的相互关系,并通过实验测定方法求取一个极其简单的等值双口电路来替代原网络,此即为"黑盒理论"的基本内容。

(1) 对于如图 3.37 所示无源线性双口网络,可以网络参数来表征它的特性。本实验采用输出口的电压 U_2 和电流 I_2 作为自变量,以输入口的电压 U_1 和电流 I_1 作为应变量,所得的方程称为双口网络的传输方程,其传输方程为:

$$\dot{U}_1 = A\dot{U}_2 + B\dot{I}_2$$

$$\dot{I}_1 = C\dot{U}_2 + D\dot{I}_2$$

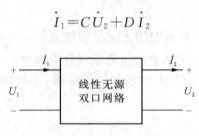

图 3.37　线性无源双口网络

式中的 A、B、C、D 为双口网络的传输参数,其值完全决定于网络的拓扑结构及各支路元件的参数值。这四个参数表征了该双口网络的基本特性,分别表示为:

$$A = \frac{\dot{U}_1}{\dot{U}_2}\bigg|_{\dot{I}_2=0} \text{(输出口开路)}, B = \frac{\dot{U}_1}{\dot{I}_2}\bigg|_{\dot{U}_2=0} \text{(输出口短路)}$$

$$C = \frac{\dot{I}_1}{\dot{U}_2}\bigg|_{\dot{I}_2=0} \text{(输出口开路)}, D = \frac{\dot{I}_1}{\dot{I}_2}\bigg|_{\dot{U}_2=0} \text{(输出口短路)}$$

由上可知,只要在网络的输入口加上电压,在两个端口同时测量其电压和电流,即可求出 A、B、C、D 四个参数,此即为双端口同时测量法。

(2) 若要测量一条远距离输电线构成的双口网络,采用同时测量法就很不方便。这时可采用分别测量法,即先在双口网络的输入口加电压,而将输出口开路和短路,在输入口测量电压和电流,由传输方程可得:

$$Z_{1O} = \frac{\dot{U}_1}{\dot{I}_1}\bigg|_{\dot{I}_2=0} = \frac{A}{C}, Z_{1S} = \frac{\dot{U}_1}{\dot{I}_1}\bigg|_{\dot{U}_2=0} = \frac{B}{D}$$

然后在输出口加电压,而将输入口开路和短路,测量输出口的电压和电流。此时可得:

$$Z_{2O} = \frac{\dot{U}_2}{\dot{I}_2}\bigg|_{\dot{I}_1=0} = \frac{D}{C}, Z_{2S} = \frac{\dot{U}_2}{\dot{I}_2}\bigg|_{\dot{U}_1=0} = \frac{B}{A}$$

Z_{1O}、Z_{1S}、Z_{2O}、Z_{2S} 分别表示一个端口开路和短路时另一端口的等效输入阻抗,这四个参数中只有三个是独立的($AD-BC=1$)。从上述参数表达式可求出四个传输参数:

$$A = \sqrt{Z_{1O}/(Z_{2O}-Z_{2S})}, B = Z_{2S}A, C = A/Z_{1O}, D = Z_{2O}C$$

(3) 双口网络级联后的等效双口网络的传输参数亦可采用前述的方法之一求得。从理论推得两个双口网络级联后的传输参数与每一个参加级联的双口网络的传输参数之间有如下的关系:

$$A = A_1A_2 + B_1C_2$$
$$B = A_1B_2 + B_1D_2$$
$$C = C_1A_2 + D_1C_2$$
$$D = C_1B_2 + D_1D_2$$

三、实验设备

序号	名　　称	型号与规格	数量	备注
1	可调直流稳压电源	0～30 V	1	
2	数字直流电压表	0～200 V	1	
3	数字直流毫安表	0～200 mA	1	
4	双口网络实验线路板		1	

四、实验内容

双口网络实验线路如图 3.38 和图 3.39 所示。将直流稳压电源的输出电压调到 10 V，作为双口网络的输入。

（1）按同时测量法分别测定两个双口网络的传输参数 A_1、B_1、C_1、D_1 和 A_2、B_2、C_2、D_2，并列出它们的传输方程。数据填入表 3.43 中。

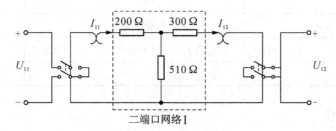

图 3.38　双口网路 I 实验线路图

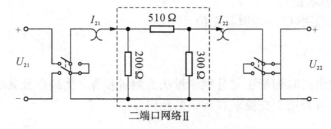

图 3.39　双口网路 II 实验线路图

表 3.43　测定双口网络传输参数数据表

双口网络 I		测量值			计算值	
	输出端开路 $I_{12}=0$	$U_{11O}(V)$	$U_{12O}(V)$	$I_{11O}(mA)$	A_1	B_1
	输出端短路 $U_{12}=0$	$U_{11S}(V)$	$I_{11S}(mA)$	$I_{12S}(mA)$	C_1	D_1

续表

双口网络Ⅱ		测量值			计算值	
	输出端开路 $I_{22}=0$	U_{21O}(V)	U_{22O}(V)	I_{21O}(mA)	A_2	B_2
	输出端短路 $U_{22}=0$	U_{21S}(V)	I_{21S}(mA)	I_{22S}(mA)	C_2	D_2

（2）将两个双口网络级联，即将网络Ⅰ的输出接至网络Ⅱ的输入。用两端口分别测量法测量级联后等效双口网络的传输参数 A、B、C、D，并验证等效双口网络传输参数与级联的两个双口网络传输参数之间的关系。测算数据记入表 3.44 中。

表 3.44　测定双口网络级联传输参数数据表

输出端开路 $I_2=0$			输出端短路 $U_2=0$			计算传输参数
U_{1O}(V)	I_{1O}(mA)	Z_{1O}(kΩ)	U_{1S}(V)	I_{1S}(mA)	Z_{1S}(kΩ)	
输入端开路 $I_1=0$			输入端短路 $U_1=0$			$A=$
U_{2O}(V)	I_{2O}(mA)	Z_{2O}(kΩ)	U_{2S}(V)	I_{2S}(mA)	Z_{2S}(kΩ)	$B=$ $C=$
						$D=$

五、实验注意事项

（1）用电流插头插座测量电流时，要注意判别电流表的极性及选取适合的量程（根据所给的电路参数，估算电流表量程）。

（2）计算传输参数时，U、I 均取其正值。

六、思考题

（1）试述双口网络同时测量法与分别测量法的测量步骤，优缺点及其适用情况。

（2）本实验方法可否用于交流双口网络的测定？

七、实验报告

（1）正确解答思考题。

（2）完成对数据表格的测量和计算任务。

（3）列写参数方程。

（4）验证级联后等效双口网络的传输参数与级联的两个双口网络传输参数之间的关系。

（5）总结、归纳双口网络的测试技术。

（6）心得体会及其他。

实验四　负阻抗变换器

一、实验目的

(1) 加深对负阻抗概念的认识，掌握对含有负阻的电路分析研究方法。

(2) 了解负阻抗变换器的组成原理及其应用。

(3) 掌握负阻器的各种测试方法。

二、实验原理

(1) 负阻抗是电路理论中的一个重要基本概念，在工程实践中有广泛的应用。有些非线性元件(如燧道二极管)在某个电压或电流范围内具有负阻特性。除此之外，一般都由一个有源双口网络来形成一个等效的线性负阻抗。该网络由线性集成电路或晶体管等元件组成，这样的网络称作负阻抗变换器。

按有源网络输入电压电流与输出电压电流之间的关系，负阻抗变换器可分为电流倒置型(INIC)和电压倒置型(VNIC)两种，其示意图如图 3.40 所示。

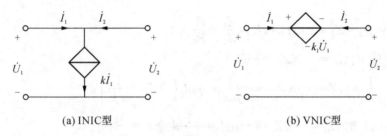

(a) INIC型　　　　　　　　　　　　(b) VNIC型

图 3.40　两种类型负阻抗变换器

在理想情况下，负阻抗变换器的电压、电流关系为：

INIC 型：$\dot{U}_2 = \dot{U}_1$，$\dot{I}_2 = K\dot{I}_1$（K 为电流增益）

VNIC 型：$\dot{U}_2 = -K_1\dot{U}_1$，$\dot{I}_2 = -\dot{I}_1$（$K_1$ 为电压增益）

(2) 本实验采用线性运算放大器组成如图 3.41 所示的 INIC 电路，在一定的电压、电流围内可获得良好的线性度。

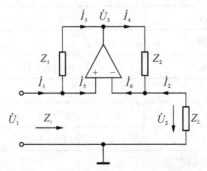

图 3.41　运算放大器组成的电流倒置型负阻抗变换器

根据运放理论可知:

$$\dot{U}_1 = \dot{U}_+ = \dot{U}_- = \dot{U}_2$$

由电路结构分析可知:

$$\dot{I}_5 = \dot{I}_6 = 0, \quad \dot{I}_1 = \dot{I}_3, \dot{I}_2 = -\dot{I}_4$$

$$Z_i = \frac{\dot{U}_1}{\dot{I}_1}, \quad \dot{I}_3 = \frac{\dot{U}_1 - \dot{U}_3}{Z_1}, \qquad I_4 = \frac{\dot{U}_3 - \dot{U}_2}{Z_2} = \frac{\dot{U}_3 - \dot{U}_1}{Z_2}$$

因此有:

$$\dot{I}_4 Z_2 = -\dot{I}_3 Z_1, \; -\dot{I}_2 Z_2 = -\dot{I}_1 Z_1, \frac{\dot{U}_2}{Z_L} \cdot Z_2 = -\dot{I}_1 Z_1$$

$$\frac{\dot{U}_2}{\dot{I}_1} = \frac{\dot{U}_1}{\dot{I}_1} = Z_i = -\frac{Z_1}{Z_2} \cdot Z_L = -KZ_L \left(令 K = \frac{Z_1}{Z_2} \right)$$

当 $Z_1 = R_1 = R_2 = Z_2 = 1 \text{ k}\Omega$ 时,$K = \dfrac{Z_1}{Z_2} = \dfrac{R_1}{R_2} = 1$

① 若 $Z_L = R_L$ 时,$Z_i = -KZ_L = -R_L$;

② 若 $Z_L = \dfrac{1}{j\omega C}$ 时,$Z_i = -KZ_L = -\dfrac{1}{j\omega C} = j\omega L \left(令 L = \dfrac{1}{\omega^2 C} \right)$;

③ 若 $Z_L = j\omega L$ 时,$Z_i = -KZ_L = -j\omega L = \dfrac{1}{j\omega C} \left(令 C = \dfrac{1}{\omega^2 L} \right)$。

②③两项表明,负阻抗变换器可实现容性阻抗和感性阻抗的互换。

三、实验设备

序号	名　称	型号与规格	数量	备注
1	直流稳压电源	0～30 V	1	
2	低频信号发生器		1	
3	直流数字电压表、毫安表	0～200 V,0～200 mA	各1	
4	交流毫伏表	0～600 V	1	
5	双踪示波器		1	
6	可变电阻箱	0～9 999.9 Ω	1	
7	电容器	0.1 μF	1	
8	线性电感	100 mH	1	
9	电阻器	200 Ω,1 kΩ	各1	
10	负阻抗变换器实验线路板			

四、实验内容

1. 测量负电阻的伏安特性,计算电流增益 K 及等值负阻

实验线路参见图 3.41。

(1) 取 $R_L=300\ \Omega$,测量不同 U_1 时的 I_1 值。U_1 取 $0.1\sim2.5$ V,数据记于表 3.45 中。

(2) 取 $R_L=600\ \Omega$,重复上述的测量(U_1 取 $0.1\sim4.0$ V),数据记于表 3.45 中。

表 3.45　负阻抗变换器电路参数测量数据表

$R_L=300\ \Omega$	$U_1(V)$								
	$I_1(mA)$								
	$R_-(k\Omega)$								
$R_L=600\ \Omega$	$U_1(V)$								
	$I_1(mA)$								
	$R_-(k\Omega)$								

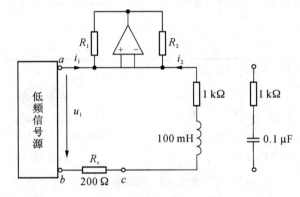

图 3.42　负阻抗变换器阻抗变换特性实验线路图

2. 阻抗变换及相位观察

实验线路如图 3.42 所示。图中的 R_S 为电流取样电阻。因为电阻两端的电压波形与流过电阻的电流波形同相,所以用示波器观察 R_S 上的电压波形就反映了电流 i_1 的相位。

(1) 调节低频信号使 $U_1\leqslant3$ V,改变信号源频率 $f=500\sim2\ 000$ Hz,用双踪示波器观察 u_1 与 i_1 的相位差,判断是否具有容抗特征;

(2) 用 $0.1\ \mu F$ 的电容 C 代替 L,重复(1)的观察,是否具有感抗特征。

五、实验注意事项

本实验内容的接线较多,应仔细检查,特别是信号源与示波器的低端不可接错。

六、思考题

电路中负阻抗变换器是吸收功率还是发出功率?

七、实验报告

（1）正确解答思考题。

（2）完成计算并绘制负阻抗的伏安特性曲线 $U_1 = f(I_1)$ 曲线。

（3）总结对 INIC 的认识。

（4）心得体会及其他。

实验五   回转器

一、实验目的

（1）掌握回转器的基本特性。

（2）测量回转器的基本参数。

（3）了解回转器的应用。

二、实验原理

（1）回转器是一种有源非互易的两端口网络元件，电路符号及其等效电路如图 3.43(a)、(b) 所示。

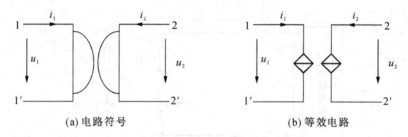

(a) 电路符号   (b) 等效电路

图 3.43   回转器

理想回转器的导纳方程如下：

$$\begin{vmatrix} i_1 \\ i_2 \end{vmatrix} = \begin{vmatrix} 0 & g \\ -g & 0 \end{vmatrix} \begin{vmatrix} u_1 \\ u_2 \end{vmatrix}, 或写成 \ i_1 = gu_2, i_2 = -gu_1$$

也可写成电阻方程：

$$\begin{vmatrix} u_1 \\ u_2 \end{vmatrix} = \begin{vmatrix} 0 & -R \\ R & 0 \end{vmatrix} \begin{vmatrix} i_1 \\ i_2 \end{vmatrix}, 或写成 \ u_1 = -Ri_2, u_2 = Ri_1$$

式中 g 和 R 分别称为回转电导和回转电阻，统称为回转常数。

（2）若在 2-$2'$ 端接电容负载 C，从 1-$1'$ 端等效导纳 Y_i 为

$$Y_i = \frac{i_1}{u_1} = \frac{gu_2}{-i_2/g} = \frac{-g^2 u_2}{i_2}$$

由于

$$\frac{u_2}{i_2} = -Z_L = \frac{1}{j\omega C}$$

因此 $Y_i = g^2/j\omega C = \dfrac{1}{j\omega L}$，式中 $L = \dfrac{C}{g^2}$ 为等效电感。

即回转器能把一个电容元件"回转"成一个电感元件;相反也可以把一个电感元件"回转"成一个电容元件,所以也称为阻抗逆变器。由于回转器有阻抗逆变作用,在集成电路中得到重要的应用。因为在集成电路制造中,制造一个电容元件比制造电感元件容易得多,我们可以用一带有电容负载的回转器来获得数值较大的电感。

图 3.44 为用运算放大器组成的回转器电路图。

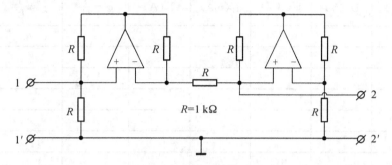

图 3.44 运算放大器组成的回转器

三、实验设备

序号	名　　称	型号与规格	数量	备注
1	低频信号发生器		1	
2	交流毫伏表	0～600 mV	1	
3	双踪示波器		1	
4	可变电阻箱	0～99 999.9 Ω	1	
5	电容器	0.1 μF,1 μF	1	
6	电阻器	1 kΩ	1	
7	回转器实验线路板	G	1	

四、实验内容

实验线路如图 3.45 所示。

(1) 在图 3.45 的 2-2′端接纯电阻负载,信号源频率固定在 1 kHz,信号源电压≤3 V。

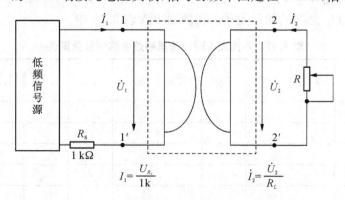

图 3.45 回转器纯电阻负载实验线路图

用交流毫伏表测量不同负载电阻 R_L 时的 U_1、U_2 和 U_{R_S}，并计算相应的电流 I_1、I_2 和回转常数 g，数据记入表 3.46 中。

表 3.46　不同负载时回转器电路数据表

$R_L(\Omega)$	测量值					计算值		
	$U_1(V)$	$U_2(V)$	$U_{R_S}(V)$	$I_1(mA)$	$I_2(A)$	$g'=\dfrac{I_1}{U_2}$	$g''=\dfrac{I_2}{U_1}$	$g=\dfrac{g'+g''}{2}$
500								
1 k								
1.5 k								
2 k								
3 k								
4 k								
5 k								

（2）用双踪示波器观察回转器输入电压和输入电流之间的相位关系。按图 3.46 接线。

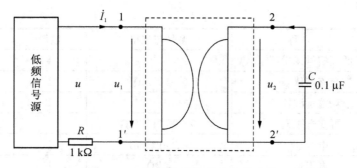

图 3.46　回转器电容负载实验线路图

在 2-$2'$ 端接电容负载 $C=0.1\ \mu F$，取信号电压 $U \leqslant 3\ V$，频率 $f=1\ kHz$。观察 i_1 与 u_1 之间的相位关系，是否具有感抗特征。

（3）测量等效电感。

按图 3.46 接线。取低频信号源输出电压 $U \leqslant 3\ V$，并保持恒定。用交流毫伏表测量不同频率时的 U_1、U_2、U_R 值，并算出 $I_1=U_R/R$，$g=I_1/U_2$，$L'=U_1/2\pi fI_1$，$L=C/g^2$ 及误差 $\Delta L=L'-L$，分析 U、U_1、U_R 之间的相量关系。将数据填入表 3.47 中。

表 3.47　不同频率时回转器等效电感测量数据表

参数 ＼ f(Hz)	200	400	500	700	800	900	1 k	1.2 k	1.3k	1.5k	2 k
$U(V)$											
$U_1(V)$											
$U_2(V)$											
$U_R(V)$											
$I_1(mA)$											

续表

$f(\text{Hz})$ 参数	200	400	500	700	800	900	1 k	1.2 k	1.3k	1.5 k	2 k
$g(1/\Omega)$											
$L'(\text{H})$											
$L(\text{H})$											
$\Delta L(\text{H})$											

（4）用模拟电感组成 RLC 并联谐振电路。

如图 3.47 所示，用回转器作电感，与电容器 $C_i = 1\ \mu\text{F}$ 构成并联谐振电路。取 $U \leqslant 3\ \text{V}$ 并保持恒定，在不同频率时用交流毫伏表测量 $1 - 1'$ 端的电压 U_1，并找出谐振频率。

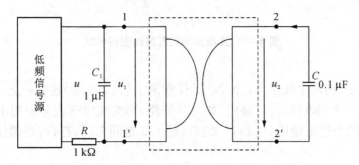

图 3.47　电容负载回转器等效电感组成 RLC 并联谐振电路

五、实验注意事项

为避免回转器电路中运放进入饱和状态使波形失真，输入电压不宜过大。

六、思考题

回转器在工程中有什么应用？

七、实验报告

（1）正确解答思考题。
（2）完成各项规定的实验内容（测试、计算、绘曲线等）。
（3）从各实验结果中总结回转器的性质、特点和应用。
（4）心得体会及其他。

实验六　互感线圈参数的测定

一、实验目的

（1）学会互感电路同名端、互感系数以及耦合系数的测定方法。
（2）理解两个线圈相对位置的改变，以及用不同材料作线圈芯时对互感的影响。

二、实验原理

(1) 互感线圈同名端测定方法。

① 直流法。

如图 3.48 所示,当开关 S 闭合瞬间,若毫安表的指针正偏,则可断定 1、3 为同名端;指针反偏,则 1、4 为同名端。

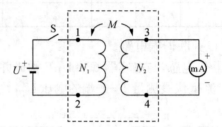

图 3.48　直流法测定互感线圈同名端

② 交流法。

如图 3.49 所示,将两个绕组 N_1 和 N_2 的任意两端(如 2、4 端)连在一起,在其中的一个绕组(如 N_1)两端加一个低电压,另一绕组(如 N_2)开路,用交流电压表分别测出端电压 U_{13}、U_{12} 和 U_{34}。若 U_{13} 是两个绕组端压 U_{12} 和 U_{34} 之差,则 1、3 是同名端;若 U_{13} 是两绕组端电压之和,则 1、4 是同名端。

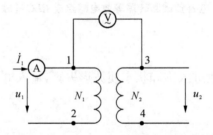

图3.49　交流法测定互感线圈同名端

(2) 两线圈互感系数 M 的测定。

在图 3.49 的 N_1 侧施加低压交流电压 U_1,测出 I_1 及 U_2。根据互感电势 $E_{2M} \approx U_2 = \omega M I_1$,可算得互感系数为 $M = \dfrac{U_2}{\omega I_1}$

(3) 耦合系数 k 的测定。

两个互感线圈耦合松紧的程度可用耦合系数 k 来表示:

$$k = M / \sqrt{L_1 L_2}$$

如图 3.49,先在 N_1 侧加低压交流电压 U_1,测出 N_2 侧开路时的电流 I_1;然后再在 N_2 侧加电压 U_2,测出 N_1 侧开路时的电流 I_2,求出各自的自感 L_1 和 L_2,即可算得 k 值。

三、实验设备

序号	名　　称	型号与规格	数量	备注
1	数字直流电压表	0～200 V	1	
2	数字直流电流表	0～200 mA	2	
3	交流电压表	0～500 V	1	
4	交流电流表	0～5 A	1	
5	空心互感线圈	N_1为大线圈 N_2为小线圈	1 对	
6	自耦调压器		1	
7	直流稳压电源	0～30 V	1	
8	电阻器	30 Ω/8 W 510 Ω/2 W	各1	
9	发光二极管	红或绿	1	
10	粗、细铁棒、铝棒		各1	
11	变压器	36 V/220 V	1	

四、实验内容

1. 分别用直流法和交流法测定互感线圈的同名端

(1) 直流法。

实验线路如图 3.50 所示。先将 N_1 和 N_2 两线圈的四个接线端子分别编号为 1、2 和 3、4。将 N_1、N_2 同心地套在一起,并放入细铁棒。U_s 为可调直流稳压电源,调至 10 V。流过 N_1 侧的电流不可超过 0.4 A(选用 5 A 量程的数字电流表)。N_2 侧直接接入 2 mA 量程的毫安表。将铁

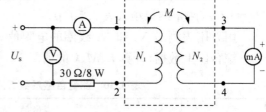

图 3.50　直流法测定互感线圈同名端线路图

棒迅速地拨出和插入,观察毫安表读数正、负的变化,来判定 N_1 和 N_2 线圈的同名端。将实验结果记录于表 3.48 中。

表 3.48　直流法判断同名端数据表

实验现象 铁芯动作	毫安表度数正负情况	判断结果:1、3 端是否为同名端
铁芯迅速抽出		
铁芯迅速插入		

(2) 交流法。

按图 3.51 电路接线,接通电源前,应首先检查自耦调压器是否调至零位,确认后方可接通交流电源,令自耦调压器输出一个很低的电压(约 2 V 左右),使流过电流表的电流小于

1.4 A,然后用 0～30 V 量程的交流电压表测量 U_{12}, U_{13}, U_{34},判定同名端。将实验结果填入表 3.49 中。

拆去 2、4 联线,并将 2、3 相接,重复上述步骤,判定同名端。将实验结果填入表 3.49 中。

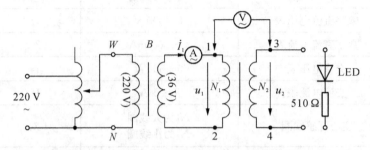

图 3.51　交流法测定互感线圈同名端线路图

表 3.49　交流法判断同名端数据表

测量参数 2、4 连线	U_{12}	U_{13}	U_{34}	由测量数据判断同名端
测量参数 2、3 连线	U_{12}	U_{14}	U_{34}	由测量数据判断同名端

2. 自感系数 L、互感系数 M 与耦合系数 k 的测定

拆除图 3.51 中端子间短接连线,测 U_1, I_1, U_2。为了使 N_1 侧电流小于 1 A,取 $U_1=2$ V,测量结果填入表 3.50 中。

将低压交流加在 N_2 侧,N_1 侧开路,测出 U_2、I_2、U_1。为了使流过 N_2 侧电流小于 1 A,取 $U_2=10$ V,测量结果填入表 3.50 中。

用万用表测出 N_1 和 N_2 线圈的电阻值 r_1 和 r_2,测量结果填入表 3.50 中。

综合以上数据,计算 L、M、k 的值。

表 3.50　测量自感系数 L、互感系数 M 与耦合系数 k 数据表

	测量值					计算值		
N_1 接电源 N_2 开路	U_1	I_1	U_2	r_1	r_2	L_1	L_2	M
	$U_1=2$ V							
N_2 接电源 N_1 开路	U_2	I_2	U_1					
	$U_2=10$ V							

3. 观察互感现象

在图 3.51 的 N_2 侧接入 LED 发光二极管与 510 Ω 电阻串联的支路。

(1) 将铁棒慢慢地从两线圈中抽出和插入,观察 LED 亮度的变化及各电表读数的变化,记录现象。

(2) 将两线圈改为并排放置,并改变其间距,以及分别或同时插入铁棒,观察 LED 亮度的变化及仪表读数。

(3) 改用铝棒替代铁棒,重复(1)、(2)的步骤,观察 LED 的亮度变化,记录现象。

五、实验注意事项

（1）整个实验过程中，注意流过线圈 N_1 的电流不得超过 1.4 A，流过线圈 N_2 的电流不得超过 1 A。

（2）测定同名端及测量其他数据时，都应将小线圈 N_2 套在大线圈 N_1 中，并插入铁芯。

（3）交流实验前，首先要检查自耦调压器，要保证手柄置在零位。因实验时加在 N_1 上的电压只有 2～3 V 左右，因此调节时要特别仔细、小心，要随时观察电流表的读数，不得超过规定值。

六、思考题

本实验用直流法判断同名端是用插、拔铁芯时观察电流表的正、负读数变化来确定的（应如何确定？），这与实验原理中所叙述的方法是否一致？

七、实验报告

（1）正确解答思考题。

（2）自拟测试数据表格，完成计算任务。

（3）解释实验中观察到的互感现象。

（4）总结对互感线圈同名端、互感系数的实验测试方法。

（5）心得体会及其他。

第四章 模拟电子技术实验

4.1 实验装置介绍

模拟电子电路基础实验,主要实验装置是模拟电路实验箱,使用实验箱进行电子电路实验,可以节省时间,减少元器件损坏,提高实验效果。本书中的大多数实验都是结合实验箱进行的。

下面以 THM-1 型为例简单介绍该实验装置,THM-1 型模拟电路实验箱是根据目前我国"模拟电子技术"教学大纲的要求,为了配合学生学习"模拟电路基础"等课程而制作、生产的新一代实验装置,它包含了全部模拟电路的基本教学实验内容及有关课程设计的内容。

一、主要设置及性能特点

1. 实验板

(1)母板采用 2 mm 厚印制线路板制成,正面印有元器件图形符号及相应的连线,反面为印刷线路,并焊好相关的元器件等。

(2)母板上设有 8 P 2 只、14 P 1 只、40 P 1 只等高可靠圆脚集成块插座,还设有 300 多根可靠的镀银长紫铜管,供插电阻、电容、电位器和三极管等。母板上的固定实验器件有三端稳压块(如 7815、7915、7812、LM317 等)、电容器、三极管(如 3DG6、3DG12、3CG12、8050 等)、场效应管、可控硅、整流桥堆、二极管、稳压管(2CW54、2DW231 等)、功率电阻、振荡线圈、扬声器、继电器、钮子开关、按钮开关、精密多圈电位器(1 kΩ 1 只、10 kΩ 1 只)、碳膜电位器 100 kΩ 以及蜂鸣器等。母板上设有多个高可靠锁紧式防转叠插座(与集成块插座、镀银紫铜管及固定器件脚等已内部连好)作为实验时的连接点、测试点。

(3)母板上设有可装、卸固定线路实验小板的蓝色插座四只,配有共射极单管放大器、负反馈放大器实验板、射极跟随器实验板、RC 正弦波振荡器实验板、差动放大器实验板及 OTL 功率放大器实验板共五块,可采用固定线路及灵活组合进行实验。

(4)母板设计新颖,实验方便可靠。彻底解决面包板接触不良等问题。

2. 直流电源

提供 ±5 V/0.5 A,±12 V/0.5 A 和 1.3~18 V/0.5 A 稳压电源共五路,均有短路保护自动恢复功能,其中 +12 V 具有短路报警、指示功能。

3. 直流信号源

−5 V~+5 V 可调电源两路。

4. 交流电源

提供 0 V、6 V、10 V、14 V 抽头一路及中心抽头 17 V 两路低压交流电源（AC50 Hz），每路均有短路保护自动恢复功能。

5. 指针式直流毫安表

量程为 1 mA，内阻为 100 Ω。

二、使用注意事项

（1）使用前应先检查各电源是否正常，检查步骤为：

① 先关闭实验箱的所有电源开关（开关置于 OFF 端），然后用随箱的三芯电源线接通实验箱的 220 V 交流电源。

② 开启实验箱上的电源总开关 Power（置于 ON 端）。

③ 开启直流稳压电源 DC Source 的两组开关（置 ON 端），则与 ±5 V 和 ±12 V 相对应的四只 LED 发光二极管应点亮。

④ 用万用表交流低压档（<25 V 档量程）分别测量 AC 50 Hz 6 V，10 V，14 V 的锁紧插座对"0"的交流电压，是否一致，再检查两处 17 V 是否正常。

（2）接线前务必熟悉实验板上各元器件的功能、参数及其接线位置，特别要熟知各集成块插脚引线的排列方式及接线位置。

（3）实验接线前必须先断开总电源与各分电源开关，严禁带电接线。

（4）接线完毕，检查无误后，再插入相应的集成电路芯片才可通电，也只有在断电后方可拔插集成芯片。严禁带电插拔集成芯片。

（5）实验过程中，实验板上要保持清洁，不可随意放置杂物，特别是导电的工具和多余的导线等，以免发生短路等故障。

（6）实验箱上的各档直流电源设计时仅供实验使用，一般不外接其他负载。如作它用，则要注意使用的负载不能超出电源的使用范围。

（7）实验完毕，应及时关闭各电源开关（置 OFF 端），并及时清理实验版面。整理好连接导线并放置规定的位置。

（8）实验时需用到外部交流供电的仪器，如示波器等，这些仪器的外壳应接地。

4.2　基础性实验

实验一　集成运算放大器的基本应用

一、实验目的

（1）研究由集成运算放大器组成的比例、加法等基本运算电路的工作原理及运算功能。

（2）掌握以上各种应用电路的组成及其测试方法。

二、实验原理

集成运算放大器是一种具有高电压放大倍数的直接耦合多级放大电路。当外部接入不同的线性或非线性元器件组成输入和负反馈电路时,可以灵活地实现各种特定的函数关系。在线性应用方面,可组成比例、加法、减法、积分、微分、对数等模拟运算电路。

在大多数情况下,将运放视为理想运放,就是将运放的各项技术指标理想化,满足下列条件的运算放大器称为理想运放。

① 开环电压增益 $A_{ud}=\infty$。

② 输入阻抗 $r_i=\infty$。

③ 输出阻抗 $r_o=0$。

④ 带宽 $f_{BW}=\infty$。

⑤ 失调与漂移均为零等。

理想运放在线性应用时的两个重要特性:

(1) 输出电压 u_o 与输入电压之间满足关系式 $u_o=A_{ud}(u_+-u_-)$,由于 $A_{ud}=\infty$,而 u_o 为有限值,因此,$u_+-u_-\approx0$。即 $u_+=u_-$,称为"虚短"。

(2) 由于 $r_i=\infty$,故流进运放两个输入端的电流可视为零,即 $I_{IB}=0$,称为"虚断"。这说明运放对其前级吸取电流极小。

上述两个特性是分析理想运放应用电路的基本原则,可简化运放电路的计算。

由集成运放构成的基本运算电路主要有以下几种:

1. 反相比例运算电路

电路如图 4.1 所示。对于理想运放,该电路的输出电压与输入电压之间的关系为 $u_o=-\dfrac{R_F}{R_1}u_i$,为了减小输入级偏置电流引起的运算误差,在同相输入端应接入平衡电阻 $R_2=R_1\mathbin{/\mkern-5mu/}R_F$。

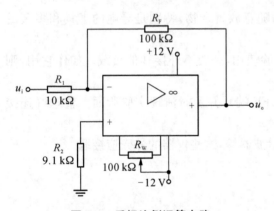 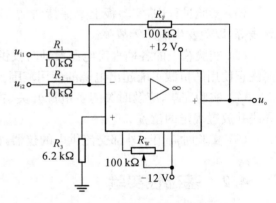

图 4.1　反相比例运算电路　　　　　　图 4.2　反相加法运算电路

2. 反相加法电路

电路如图 4.2 所示,输出电压与输入电压之间的关系为

$$u_o=-\left(\frac{R_F}{R_1}u_{i1}+\frac{R_F}{R_2}u_{i2}\right)\qquad R_3=R_1\mathbin{/\mkern-5mu/}R_2\mathbin{/\mkern-5mu/}R_F$$

3. 同相比例运算电路

图 4.3(a)是同相比例运算电路,它的输出电压与输入电压之间的关系为

$$u_o=\left(1+\frac{R_F}{R_1}\right)u_i\qquad R_2=R_1\mathbin{/\mkern-5mu/}R_F$$

当 $R_1 \to \infty$ 时，$u_o = u_i$，即得到如图 4.3(b) 所示的电压跟随器。图中 $R_2 = R_F$，用以减小漂移和起保护作用。一般 R_F 取 10 kΩ，R_F 太小起不到保护作用，太大则影响跟随性。

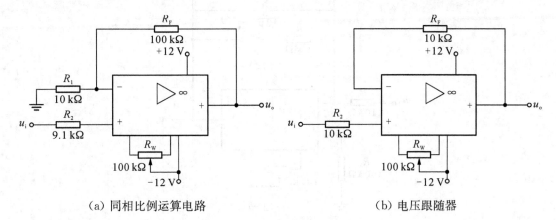

（a）同相比例运算电路　　　　　　　　（b）电压跟随器

图 4.3　同相比例运算电路

4. 差动放大电路（减法器）

对于图 4.4 所示的减法运算电路，当 $R_1 = R_2$，$R_3 = R_F$ 时，有

$$u_o = \frac{R_F}{R_1}(u_{i2} - u_{i1})$$

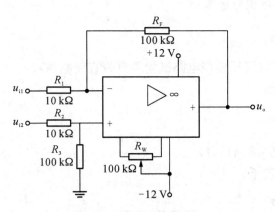

图 4.4　减法运算电路图

5. 积分运算电路

反相积分电路如图 4.5 所示。在理想化条件下，输出电压 u_o

$$u_o(t) = -\frac{1}{R_1 C}\int_0^t u_i dt + u_c(0)$$

式中 $u_c(0)$ 是 $t=0$ 时刻电容 C 两端的电压值，即初始值。如果 $u_i(t)$ 是幅值为 E 的阶跃电压，并设 $u_c(0)=0$，则：$u_o(t) = -\frac{1}{R_1 C}\int_0^t E dt = -\frac{E}{R_1 C}t$。

即输出电压 $u_o(t)$ 随时间增长而线性下降。显然 RC 的数值越大，达到给定的 u_o 值所需的时间就越长。积分输出电压所能达到的最大值，受集成运放最大输出范围的限制。

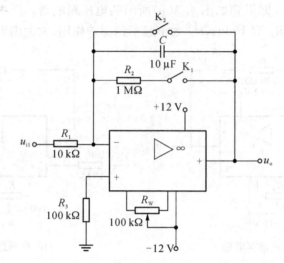

图 4.5　积分运算电路

在进行积分运算之前,首先应对运放调零。为了便于调节,将图 4.5 中 K_1 闭合,即通过电阻 R_2 的负反馈作用帮助实现调零。但在完成调零后,应将 K_1 打开,以免因 R_2 的接入造成积分误差。K_2 的设置一方面为积分电容放电提供通路,同时可实现积分电容初始电压 $u_c(0)=0$,另一方面,可控制积分起始点,即在加入信号 u_i 后,只要 K_2 一打开,电容就将被恒流充电,电路也就开始进行积分运算。

三、实验仪器与设备

(1) +12 V 直流电源(可用模拟电路试验箱自带直流电源)。
(2) 函数信号发生器。
(3) 交流毫伏表。
(4) 直流电压表。
(5) 集成运算放大器 μA741×1。
(6) 电阻器、电容器若干。

四、实验内容与步骤

1. 反相比例运算电路

(1) 按图 4.1 连接实验电路,接通±12 V 电源,输入端对地短路,进行调零和消振。

(2) 输入 $f=100$ Hz,$u_i=0.5$ V 的正弦交流信号,测量相应的 u_o,并用示波器观察 u_o 和 u_i 的相位关系,记入表 4.1。

表 4.1　$f=100$ Hz,$u_i=0.5$ V 时反比例运算电路测试数据

u_i(V)	u_o(V)	u_i 波形	u_o 波形	A_v	
				实测值	计算值

2. 同相比例运算电路

（1）按图 4.3(a)连接实验电路。实验步骤同内容 1,将结果记入表 4.2。

（2）将图 4.3(a)中的 R_1 断开,得图 4.3(b)电路重复内容(1),结果记入表 4.3。

表 4.2　$f=100\,Hz,u_i=0.5\,V$ 时同相比例运算电路测试数据

$u_i(V)$	$u_o(V)$	u_i 波形	u_o 波形	A_v	
				实测值	计算值

表 4.3　$f=100\,Hz,u_i=0.5\,V$ 断开 R_1 时同相比例运算电路测试数据

$u_i(V)$	$u_o(V)$	u_i 波形	u_o 波形	A_v	
				实测值	计算值

3. 反相加法运算电路

（1）按图 4.2 连接实验电路。调零和消振。

（2）输入信号采用实验箱上的两路可调直流信号。用万用表的电压档测量输入电压 U_{i1}、U_{i2} 及输出电压 U_o,记入表 4.4。

表 4.4　反相加法运算电路测试数据

$U_{i1}(V)$					
$U_{i2}(V)$					
$U_o(V)$					

五、实验注意事项

（1）记录实验数据的时候,注意记录波形间的相位关系。

（2）反相加法运算电路试验中,注意选择合适的直流信号幅度以确保集成运放工作在线性区。

六、思考题

（1）在反相加法器中,如 U_{i1} 和 U_{i2} 均采用直流信号,并选定 $U_{i2}=-1\,V$,当考虑到运算放大器的最大输出幅度(±12 V)时,$|U_{i1}|$ 的大小不应超过多少伏?

（2）为了不损坏集成块,实验中应注意什么问题?

（3）将理论计算结果和实测数据相比较,分析实验中产生误差的原因。

七、实验报告要求

（1）实验电路图要按照自己实际实验过程来画,并标注实际选取的元器件的值。

（2）按照实验表格认真记录实验数据和波形。

实验二　晶体管共射极单管放大电路

一、实验目的

(1) 学会放大器静态工作点的调试方法,分析静态工作点对放大器性能的影响。
(2) 掌握放大器电压放大倍数、输入电阻、输出电阻及最大不失真输出电压的测试方法。
(3) 熟悉常用电子仪器及模拟电路实验设备的使用。

二、实验原理

图 4.6 为电阻分压式工作点稳定单管放大器实验电路图。它的偏置电路采用 R_{B1} 和 R_{B2} 组成的分压电路,并在发射极中接有电阻 R_E,以稳定放大器的静态工作点。当在放大器的输入端加入输入信号 u_i 后,在放大器的输出端便可得到一个与 u_i 相位相反,幅值被放大了的输出信号 u_o,从而实现了电压放大。

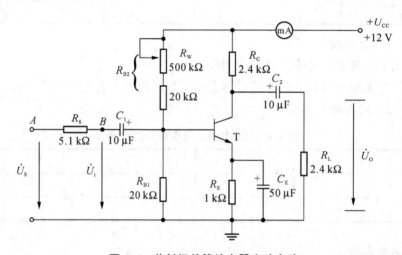

图 4.6　共射极单管放大器实验电路

在图 4.6 电路中,当流过偏置电阻 R_{B1} 和 R_{B2} 的电流远大于晶体管 T 的基极电流 I_B 时(一般 5～10 倍),则它的静态工作点可用下式估算:

$$U_B \approx \frac{R_{B1}}{R_{B1}+R_{B2}}U_{CC}$$

$$I_E \approx \frac{U_B - U_{BE}}{R_E} \approx I_C$$

$$U_{CE} = U_{CC} - I_C(R_C + R_E)$$

电压放大倍数:　　　　　　$A_V = -\beta \dfrac{R_C \;/\!/\; R_L}{r_{be}}$

输入电阻:　　　　　　　$R_i = R_{B1} \;/\!/\; R_{B2} \;/\!/\; r_{be}$

输出电阻:　　　　　　　$R_o \approx R_C$

放大器的测量和调试一般包括:放大器静态工作点的测量与调试,消除干扰与自激振荡及放大器各项动态参数的测量与调试等。

1. 放大器静态工作点的测量与调试

(1) 静态工作点的测量。

测量放大器的静态工作点,应在输入信号 $u_i=0$ 的情况下进行,即将放大器输入端与地端短接,然后选用量程合适的直流毫安表和直流电压表,分别测量晶体管的集电极电流 I_C 以及各电极对地的电位 U_B、U_C 和 U_E。一般实验中,为了避免断开集电极,所以采用测量电压 U_E 或 U_C,然后算出 I_C 的方法,例如,只要测出 U_E,即可用 $I_C \approx I_E = \dfrac{U_E}{R_E}$ 算出 I_C(也可根据 $I_C = \dfrac{U_{CC}-U_C}{R_C}$,由 U_C 确定 I_C),同时也能算出 $U_{BE}=U_B-U_E$,$U_{CE}=U_C-U_E$。

为了减小误差,提高测量精度,应选用内阻较高的直流电压表。

(2) 静态工作点的调试。

放大器静态工作点的调试是指对管子集电极电流 I_C(或 U_{CE})的调整与测试。

静态工作点是否合适,对放大器的性能和输出波形都有很大影响。如工作点偏高,放大器在加入交流信号以后易产生饱和失真,此时 u_o 的负半周将被削底,如图 4.7(a)所示。如工作点偏低则易产生截止失真,即 u_o 的正半周被缩顶(一般截止失真不如饱和失真明显),如图 4.7(b)所示。这些情况都不符合不失真放大的要求。所以在选定工作点以后还必须进行动态调试,即在放大器的输入端加入一定的输入电压 u_i,检查输出电压 u_o 的大小和波形是否满足要求。如不满足,则应调节静态工作点的位置。

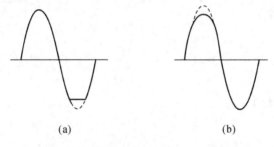

(a)　　　　　　　　　(b)

图 4.7　静态工作点对 u_O 波形失真的影响

改变电路参数 U_{CC}、R_C、R_B(R_{B1}、R_{B2})都会引起静态工作点的变化,如图 4.8 所示。但通常多采用调节偏置电阻 R_{B2} 的方法来改变静态工作点,如减小 R_{B2},则可使静态工作点提高等。

最后还要说明的是,上面所说的工作点"偏高"或"偏低"不是绝对的,应该是相对信号的幅度而言,如输入信号幅度很小,即使工作点较高或较低也不一定会出现失真。所以确切地说,产生波形失真是信号幅度与静态工作点设置配合不当所致。如需满足较大信号幅度的要求,静态工作点最好尽量靠近交流负载线的中点。

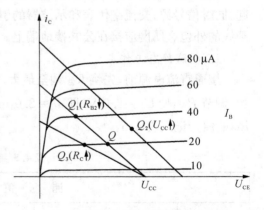

图 4.8　电路参数对静态工作点的影响

2. 放大器动态指标测试

放大器动态指标包括电压放大倍数、输入电阻、输出电阻、最大不失真输出电压(动态范围)和通频带等。

(1) 电压放大倍数 A_V 的测量。

调整放大器到合适的静态工作点,然后加入输入电压 u_i,在输出电压 u_o 不失真的情况下,用交流毫伏表测出 u_i 和 u_o 的有效值 U_i 和 U_o,则 $A_V = \dfrac{U_o}{U_i}$。

(2) 最大不失真输出电压 U_{opp} 的测量(最大动态范围)。

为了得到最大动态范围,应将静态工作点调在交流负载线的中点。为此在放大器正常工作情况下,逐步增大输入信号的幅度,并同时调节 R_W(改变静态工作点),用示波器观察 u_o,当输出波形同时出现削底和缩顶现象,如图 4.9 时,说明静态工作点已调在交流负载线的中点。然后反复调整输入信号,使波形输出幅度最大,且无明显失真时,用交流毫伏表测出 U_o(有效值),则动态范围等于 $2\sqrt{2}U_o$,或用示波器直接读出 U_{opp}。

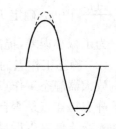

图 4.9　静态工作点正常,输入信号太大引起的失真

三、实验设备与器件

(1) +12 V直流电源(可用模拟电路试验箱自带直流电源)。

(2) 函数信号发生器。

(3) 双踪示波器。

(4) 交流毫伏表。

(5) 万用表。

(6) 电阻器、电容器若干。

四、实验内容

实验电路如图 4.6 所示。各电子仪器在连接时,为防止干扰,各仪器的公共端必须连在一起,同时信号源、交流毫伏表和示波器的引线应采用专用电缆线或屏蔽线,如使用屏蔽线,则屏蔽线的外包金属网应接在公共接地端上。

1. 调试静态工作点

接通直流电源前,先将 R_W 调至最大,函数信号发生器输出旋钮旋至零。接通 +12 V 电源、调节 R_W,使 $U_E = 2.0$ V(即 $I_C = 2.0$ mA),用直流电压表测量 U_B、U_C 及用万用电表测量 R_{B2} 的值。记入表 4.5。

表 4.5　静态工作点测量数据

测　量　值						计　算　值
U_B(V)	U_E(V)	U_C(V)	R_{B2}(kΩ)	U_{BE}(V)	U_{CE}(V)	I_C(mA)

2. 测量电压放大倍数

在上一步调整好静态工作点的基础上,在放大器输入端加入频率为 1 kHz 的正弦信号 u_s,调节函数信号发生器的输出旋钮使放大器输入电压 $u_i \approx 10$ mV,同时用示波器观察放大器输出电压 u_o 波形,在波形不失真的条件下用交流毫伏表测量下述三种情况下的 u_o 值,也可用示波器直接读出电压峰峰值,并用双踪示波器观察 u_o 和 u_i 的相位关系,记入表 4.6。

3. 观察静态工作点对电压放大倍数的影响

置 $R_C = 2.4$ kΩ,$R_L = \infty$,u_i 适量,调节 R_W,用示波器监视输出电压波形,在 u_o 不失真的条件下,测量数组 I_C 和 u_o 值,记入表 4.7。

表 4.6 电压放大倍数测量数据

R_C(kΩ)	R_L(kΩ)	U_o(V)	A_V	观察记录一组 u_i 和 u_o 波形
2.4	∞			
1.2	∞			
2.4	2.4			

表 4.7 静态工作点对电压放大倍数的影响 在 $u_i =$ ____ mV 时,测得的数据

U_E(V)			2.0	
U_o(V)				
A_V				

测量 I_C 时,要先将信号源输出旋钮旋至零(即使 $u_i = 0$)。

4. 观察静态工作点对输出波形失真的影响

置 $R_C = 2.4$ kΩ,$R_L = 2.4$ kΩ,$u_i = 0$,调节 R_W 使 $U_E = 2.0$ V,测出 U_{CE} 的值,再逐步加大输入信号,使输出电压 u_o 足够大但不失真,然后保持输入信号不变,分别增大和减小 R_W,使波形出现失真,绘出 u_o 的波形,并测出失真情况下的 U_E 和 U_{CE} 值,记入表 4.8 中。每次测 U_E 和 U_{CE} 值时都要将信号源的输出旋钮旋至零。

表 4.8 静态工作点对输出波形失真的影响 在 $u_i =$ ____ mV 时,测得的数据

U_E(V)	U_{CE}(V)	u_o 波形	是否失真	管子工作状态
	2.0			

5. 测量最大不失真输出电压

置 $R_C=2.4\ \mathrm{k\Omega}$，$R_L=2.4\ \mathrm{k\Omega}$，按照实验原理中所介绍的方法，同时调节输入信号的幅度和电位器 R_W，用示波器观察波形的变化，并用示波器和交流毫伏表测量 U_{opp} 及 U_o 值，记入表 4.9。

表 4.9　最大不失真输出电压测量数据

$U_E(\mathrm{V})$	$U_{in}(\mathrm{mV})$	$U_{om}(\mathrm{V})$	$U_{opp}(\mathrm{V})$

五、实验注意事项

(1) 测量电阻 R_{B2} 时，要断开电阻和电路其他部分的连接。

(2) 测量静态参数时，要先将信号源输出旋钮旋至零。

(3) 使用不同测量仪器时，注意读数是有效值还是峰峰值。

(4) 在计算电压放大倍数的时候，注意输入、输出电压的单位是否一致。

六、思考题

(1) 当调节偏置电阻 R_{B2}，使放大器输出波形出现饱和或截止失真时，晶体管的管压降 U_{CE} 怎样变化？

(2) 总结 R_C，R_L 及静态工作点对放大器电压放大倍数、输入电阻、输出电阻的影响。

(3) 讨论静态工作点变化对放大器输出波形的影响。

(4) 分析讨论在调试过程中出现的问题。

七、实验报告要求

(1) 按照提供的表格记录，整理测量结果。

(2) 把实测的静态工作点、电压放大倍数等数据与理论值相比较，对数据进行分析，总结产生误差的原因。

(3) 需提供实际的实验电路图和实验所测结果的波形图，并有所标注。

实验三　负反馈放大器

一、实验目的

(1) 加深理解负反馈放大电路的工作原理及负反馈对放大电路性能的影响。

(2) 进一步掌握多级放大电路静态工作点调试及测试方法。

(3) 学会负反馈放大电路电压放大倍数的测量方法。

二、实验原理

负反馈在电子电路中有着非常广泛的应用，虽然它使放大器的放大倍数降低，但能在多方面改善放大器的动态指标，如稳定放大倍数，改变输入、输出电阻，减小非线性失真和展宽通频带等。因此，几乎所有的实用放大器都带有负反馈。

负反馈放大器有四种组态，即电压串联、电压并联、电流串联、电流并联。本实验以电压串联负反馈为例,分析负反馈对放大器各项性能指标的影响。

图 4.10 为带有负反馈的两级阻容耦合放大电路,在电路中通过 R_f 把输出电压 u_o 引回到输入端,加在晶体管 T_1 的发射极上,在发射极电阻 R_{f1} 上形成反馈电压 u_f。根据反馈的判断法可知,它属于电压串联负反馈。

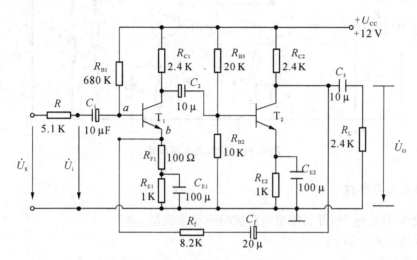

图 4.10 带有电压串联负反馈的两级阻容耦合放大器

(1) 负反馈电路的主要性能指标如下:

① 闭环电压放大倍数 $A_{vf} = \dfrac{A_V}{1 + A_V F_V}$,其中 $A_V = \dfrac{U_o}{U_i}$ 是基本放大器(无反馈)的电压放大倍数,即开环电压放大倍数。$1 + A_V F_V$ 是反馈深度,它的大小决定了负反馈对放大器性能改善的程度。

② 反馈系数 $F_V = \dfrac{R_{F1}}{R_f + R_{F1}}$

③ 输入电阻 $R_{if} = (1 + A_V F_V) R_i$,其中 R_i 是基本放大器的输入电阻。

④ 输出电阻 $R_{of} = \dfrac{R_o}{1 + A_{Vo} F_V}$,其中 R_o 是基本放大器的输出电阻,A_{Vo} 是基本放大器在 $R_L = \infty$ 时的电压放大倍数。

(2) 本实验还需要测量基本放大器的动态参数,怎样实现无反馈而得到基本放大器呢?不能简单地断开反馈支路,而是要去掉反馈作用,但又要把反馈网络的影响(负载效应)考虑到基本放大器中去。为此:

① 在画基本放大器的输入回路时,因为是电压负反馈,所以可将负反馈放大器的输出端交流短路,即令 $u_o = 0$,此时 R_f 相当于并联在 R_{F1} 上。

② 在画基本放大器的输出回路时,由于输入端是串联负反馈,因此需将反馈放大器的输入端(T_1 管的射极)开路,此时 $R_f + R_{F1}$ 相当于并接在输出端。可近似认为 R_f 并接在输出端。

根据上述规律,就可得到所要求的如图 4.11 所示的基本放大器。

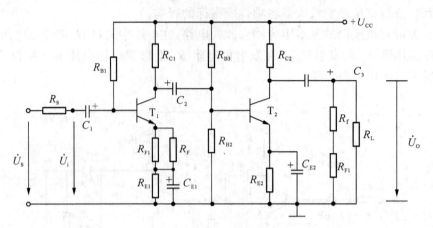

图 4.11　基本放大器电路

三、实验设备与器件

(1) ＋12 V 直流电源(可用模拟电路试验箱自带直流电源)。

(2) 函数信号发生器。

(3) 双踪示波器。

(4) 交流毫伏表。

(5) 万用表。

(6) 电阻器、电容器若干(8.2 kΩ、100 Ω 电阻各一只)。

四、实验内容

1. 测量静态工作点

按图 4.10 连接实验电路,取 $U_{cc} = +12$ V,$u_i = 0$,用直流电压表分别测量第一级、第二级放大电路的静态工作点,将数据记入表 4.10 中。

表 4.10　静态工作点测量数据

	U_B(V)	U_E(V)	U_C(V)	I_C(mA)
第一级				
第二级				

2. 测试放大器的中频电压放大倍数 A_V

将实验电路按图 4.11 改接,即把 R_f 断开后分别并在 R_{F1} 和 R_L 上,其他连线不动。

(1) 以 $f = 1$ kHz,$U_s \approx 15$ mV 的正弦信号输入放大器,用示波器观察输出波形 u_o,在 u_o 不失真的情况下,用交流毫伏表测量 U_s、U_i、U_L 的值(也可用示波器直接读出峰峰值后换算成有效值),将数据记入表 4.11 中。

(2) 保持 U_s 不变,断开负载电阻 R_L(注意,R_F 不要断开),测量空载时的输出电压 U_o 记入表 4.11 中。

表 4.11　电压放大倍数测量数据

基本放大器	U_s(mV)	U_i(mV)	U_L(V)	U_o(V)	A_V
负反馈放大器	U_s(mV)	U_i(mV)	U_L(V)	U_o(V)	A_{VF}

五、实验注意事项

(1) 测量静态参数时,要先将信号源输出旋钮旋至零。

(2) 使用不同测量仪器时,注意读数是有效值还是峰峰值。

(3) 在计算电压放大倍数的时候,注意输入、输出电压的单位是否一致。

六、思考题

(1) 按实验电路 4.10 估算放大器的静态工作点(取 $\beta_1 = \beta_2 = 100$)。

(2) 将基本放大器和负反馈放大器动态参数的实测值和理论估算值列表进行比较。

(3) 根据实验结果,总结电压串联负反馈对放大器性能的影响。

七、实验报告要求

(1) 按照提供的表格记录,整理测量结果。

(2) 比较实验数据和理论数据总结误差产生的原因。

实验四　RC 正弦波振荡器

一、实验目的

(1) 进一步学习 RC 正弦波振荡器的组成及其振荡条件。

(2) 学会测量、调试振荡器。

(3) 了解 RC 串并联网络的选频特性。

二、实验原理

从结构上看,正弦波振荡器是没有输入信号的,带选频网络的正反馈放大器。若用 R、C 元件组成选频网络,就称为 RC 振荡器,一般用来产生 1 Hz～1 MHz 的低频信号。

1. RC 移相振荡器

电路型式如图 4.12 所示,选择 $R \gg R_i$。

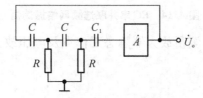

图 4.12　RC 移相振荡器原理图

(1) 振荡频率:$f_0 = \dfrac{1}{2\pi\sqrt{6}RC}$

(2) 起振条件:放大器 A 的电压放大倍数 $|\dot{A}| > 29$

(3) 电路特点:电路简单,但选频作用差,振幅不稳,频率调节不便,一般用于频率固定且稳定性要求不高的场合。

(4) 频率范围:几赫~数十千赫。

2. RC 串并联网络(文氏电桥)振荡器

电路型式如图 4.13 所示。

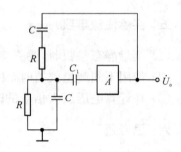

(1) 振荡频率:$f_0 = \dfrac{1}{2\pi RC}$

(2) 起振条件:$|\dot{A}| > 3$

(3) 电路特点:可方便地连续改变振荡频率,便于加负反馈稳幅,容易得到良好的振荡波形。

图 4.13 RC 串并联网络振荡器原理图

三、实验设备与器件

(1) +12 V 直流电源(可用模拟电路试验箱自带直流电源)。

(2) 函数信号发生器。

(3) 双踪示波器。

(4) 万用表。

四、实验内容

1. RC 串并联选频网络振荡器

(1) 按图 4.14 组接线路

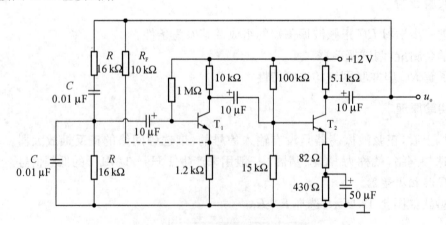

图 4.14 RC 串并联选频网络振荡器

(2) 断开 RC 串并联网络,测量放大器静态工作点及电压放大倍数。记入表 4.12 中。

表 4.12 静态工作点及电压放大倍数测量数据

	$U_B(V)$	$U_C(V)$	$U_E(V)$	$U_{CE}(V)$	$I_C(mA)$	$U_o(V)$	$U_i(V)$	A_V
T_1 管								
T_2 管								

（3）接通 RC 串并联网络，并使电路起振，用示波器观测输出电压 u_o 波形，调节 R_f 直到获得较满意的正弦信号波形，将其参数记入表 4.13 中。

表 4.13 振荡电路输出波形测量数据

	输出电压波形	测量值（V）
输出电压 u_o		

（4）测量振荡频率，并与计算值进行比较，记入表 4.14 中。

表 4.14 振荡频率测量数据

	测量值（Hz）	计算值（Hz）
振荡频率 f_o		

（5）RC 串并联网络幅频特性的观察

将 RC 串并联网络与放大器断开，用函数信号发生器的正弦信号注入 RC 串并联网络，保持输入信号的幅度不变（约 3 V），频率由低到高变化，RC 串并联网络输出幅值将随之变化，当信号源达某一频率时，RC 串并联网络的输出将达最大值（约 1 V 左右）。且输入、输出同相位，此时信号源频率为 $f = f_o = \dfrac{1}{2\pi RC}$，观察幅值随频率变化的情况，记入表 4.15 中。

表 4.15 RC 串并联网络幅频特性

f(Hz)	200 Hz	500 Hz	800 Hz	1 kHz	1.5 kHz	2 kHz	3 kHz
$U_o(V)$							

五、实验注意事项

（1）本实验采用两级共射极分立元件放大器组成 RC 正弦波振荡器。

（2）测量静态参数时，要先将信号源输出旋钮旋至零。

（3）使用不同测量仪器时，注意读数是有效值还是峰峰值。

六、思考题

（1）总结 RC 振荡器的特点，结构与工作原理。

(2) 如何用示波器来测量振荡电路的振荡频率。

七、实验报告要求

(1) 按照提供的表格记录,整理测量结果。
(2) 记录波形图,并标注测量值。
(3) 将实验测得数据与理论值比较,对实验数据进行分析。

实验五　直流稳压电源—集成稳压器

一、实验目的

(1) 了解整流滤波电路的工作原理及测试。
(2) 掌握集成稳压器的特点和性能指标的测试方法。
(3) 学习集成稳压器的使用方法。

二、实验原理

随着半导体工艺的发展,稳压电路也制成了集成器件。由于集成稳压器具有体积小、外接线路简单、使用方便、工作可靠和通用性等优点,因此在各种电子设备中应用十分普遍,基本上取代了由分立元件构成的稳压电路。集成稳压器的种类很多,应根据设备对直流电源的要求来进行选择。对于大多数电子仪器、设备和电子电路来说,通常是选用串联线性集成稳压器。而在这种类型的器件中,又以三端式稳压器应用最为广泛。

W7800、W7900 系列三端式集成稳压器的输出电压是固定的,在使用中不能进行调整。W7800 系列三端式稳压器输出正极性电压,一般有 5 V、6 V、9 V、12 V、15 V、18 V、24 V 七个档次,输出电流最大可达 1.5 A(加散热片)。同类型 78M 系列稳压器的输出电流为 0.5 A,78 L 系列稳压器的输出电流为 0.1 A。若要求负极性输出电压,则可选用 W7900 系列稳压器。图 4.15 为 W7800 系列的外形和接线图。它有三个引出端,输入端(不稳定电压输入端)标以"1",输出端(稳定电压输出端)标以"3",公共端标以"2"。

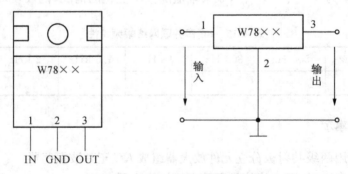

图 4.15　W7800 系列外形及接线图

除固定输出三端稳压器外,尚有可调式三端稳压器,后者可通过外接元件对输出电压进行调整,以适应不同的需要。本实验所用集成稳压器为三端固定正稳压器 W7812,它的主要参数有:输出直流电压 $U_\circ = +12$ V,输出电流 L:0.1 A,M:0.5 A,电压调整率 10 mV/V,输出

电阻 $R_o=0.15\ \Omega$,输入电压 U_1 的范围 15～17 V。因为一般 U_1 要比 U_o 大 3～5 V,才能保证集成稳压器工作在线性区。

图 4.16 是用三端式稳压器 W7812 构成的单电源电压输出串联型稳压电源的实验电路图。其中整流部分采用了由四个二极管组成的桥式整流器成品(又称桥堆),型号为 2W06(或 KBP306),内部接线和外部管脚引线如图 4.17 所示。滤波电容 C_1、C_2 一般选取几百～几千微法。当稳压器距离整流滤波电路比较远时,在输入端必须接入电容器 C_3(数值为 0.33 μF),以抵消线路的电感效应,防止产生自激振荡。输出端电容 C_4(0.1 μF)用以滤除输出端的高频信号,改善电路的暂态响应。

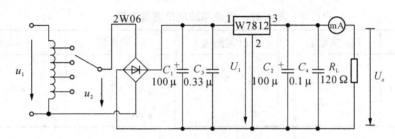

图 4.16　由 W7812 构成的串联型稳压电源

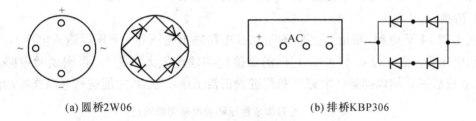

(a) 圆桥2W06　　　　　　　　　　(b) 排桥KBP306

图 4.17　桥堆管脚图

三、实验设备与器件

(1) 可调工频电源(可用模拟电路实验箱自带可调工频电源)。

(2) 双踪示波器。

(3) 交流毫伏表。

(4) 万用表。

(5) 三端稳压器 W7812、W7815、W7915(可选用模拟电路实验箱自带的稳压器)。

(6) 桥堆 2WO6(或 KBP306)(可选用模拟电路实验箱自带的桥堆)。

(7) 电阻器、电容器若干。

四、实验内容

1. **整流滤波电路测试**

按图 4.18 连接实验电路,取可调工频电源 14 V 电压作为整流电路输入电压 u_2。接通工频电源,测量输出端直流电压 U_L,用示波器观察 u_2,U_L 的波形,把数据及波形记入表 4.16 中。

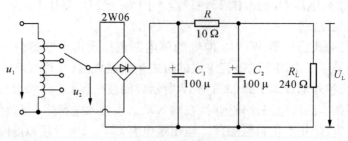

图 4.18　整流滤波电路

表 4.16　整流滤波电路测量数据

U_1(实测值)	U_2(实测值)	U_L(实测值)	U_2的波形	U_L的波形

2. 集成稳压器性能测试

断开工频电源,按图 4.16 改接实验电路,取负载电阻 $R_L=120\ \Omega$。

(1) 初测

接通工频 14 V 电源,测量 U_2 值;测量滤波电路输出电压 U_I(稳压器输入电压),集成稳压器输出电压 U_o,记入表 4.17 中。它们的数值应与理论值大致符合,否则说明电路出了故障,设法查找故障并加以排除。电路经初测进入正常工作状态后,才能进行各项指标的测试。

表 4.17　含有集成稳压器的电路测量数据

U_2(V)	U_I(V)	U_0(V)

(2) 输出电压 U_o 和最大输出电流 I_{omax} 的测量

在输出端接负载电阻 $R_L=120\ \Omega$,由于 7812 输出电压 $U_o=12$ V,因此流过 R_L 的电流 $I_{omax}=\dfrac{12}{120}=100$ mA。这时 U_o 应基本保持不变,若变化较大则说明集成块性能不良。将实验测量数据记入表 4.18 中。

表 4.18　输出电压和最大输出电流的测量数据

I_{omax} (实测值)	U_o(V) (实测值)	I_{omax} (计算值)	U_o(V) (计算值)	U_o(V)波形

五、实验注意事项

（1）圆桥接入电路时，注意输入端和输出端不要接错。

（2）稳压器管脚不要接错。

（3）测量数据之前要注意是交流值还是直流值。

六、思考题

（1）如果实验初测时发现电路故障，请根据实际情况分析原因并提出解决办法。

（2）分析讨论实验中发生的现象和问题。

七、实验报告要求

（1）按照提供的表格记录实验数据。

（2）观察相应的波形并记录。

（3）对实验数据进行分析。

实验六　射极跟随器

一、实验目的

（1）掌握射极跟随器的特性及测试方法。

（2）进一步学习放大器各项参数测试方法。

二、实验原理

射极跟随器的原理如图 4.19 所示。它是一个电压串联负反馈放大电路，它具有输入电阻高，输出电阻低，电压放大倍数接近于 1，输出电压能够在较大范围内跟随输入电压作线性变化以及输入、输出信号同相等特点。

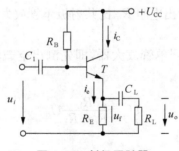

图 4.19　射极跟随器

射极跟随器的输出取自发射极，故称其为射极输出器。

1. 输入电阻 R_i

如图 4.19，输入电阻为

$$R_i = r_{be} + (1+\beta)R_E$$

如考虑偏置电阻 R_B 和负载 R_L 的影响，则

$$R_i = R_B /\!/ [r_{be} + (1+\beta)(R_E /\!/ R_L)]$$

由上式可知射极跟随器的输入电阻 R_i 比共射极单管放大器的输入电阻 $R_i = R_B /\!/ r_{be}$ 要高得多,但由于偏置电阻 R_B 的分流作用,输入电阻难以进一步提高。

输入电阻的测试方法同单管放大器,实验线路如图 4.20 所示。

$$R_i = \frac{U_i}{I_i} = \frac{U_i}{U_S - U_i} R$$

即只要测得 A、B 两点的对地电位即可计算出 R_i。

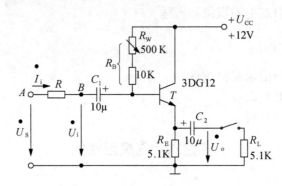

图 4.20　射极跟随器实验电路

2. 输出电阻 R_o

如图 4.19 电路所示,输出电阻为

$$R_o = \frac{r_{be}}{\beta} /\!/ R_E \approx \frac{r_{be}}{\beta}$$

如考虑信号源内阻 R_S,则

$$R_o = \frac{r_{be} + (R_S /\!/ R_B)}{\beta} /\!/ R_E \approx \frac{r_{be} + (R_S /\!/ R_B)}{\beta}$$

由上式可知射极跟随器的输出电阻 R_o 比共射极单管放大器的输出电阻 $R_o \approx R_C$ 低得多。三极管的 β 愈高,输出电阻愈小。

输出电阻 R_o 的测试方法亦同单管放大器,即先测出空载输出电压 U_o,再测接入负载 R_L后的输出电压 U_L,根据

$$U_L = \frac{R_L}{R_o + R_L} U_o$$

即可求出 R_o。

$$R_o = \left(\frac{U_o}{U_L} - 1 \right) R_L$$

3. 电压放大倍数

如图 4.19 所示电路,电路放大倍数为

$$A_V = \frac{(1+\beta)(R_E /\!/ R_L)}{r_{be} + (1+\beta)(R_E /\!/ R_L)} \leqslant 1$$

上式说明射极跟随器的电压放大倍数小于近于 1,且为正值。这是深度电压负反馈的结果。但它的射极电流仍比基流大$(1+\beta)$倍,所以它具有一定的电流和功率放大作用。

4. 电压跟随范围

电压跟随范围是指射极跟随器输出电压 u_o 跟随输入电压 u_i 作线性变化的区域。当 u_i 超过一定范围时,u_o 便不能跟随 u_i 作线性变化,即 u_o 波形产生了失真。为了使输出电压 u_o 正、负半周对称,并充分利用电压跟随范围,静态工作点应选在交流负载线中点,测量时可直接用示波器读取 u_o 的峰峰值,即电压跟随范围;或用交流毫伏表读取 u_o 的有效值,则电压跟随范围为

$$U_{op-p}=2\sqrt{2}U_o$$

三、实验设备与器件

(1) $+12$ V 直流电源。

(2) 函数信号发生器。

(3) 双踪示波器。

(4) 交流毫伏表。

(5) 直流电压表。

(6) 频率计。

(7) 3DG12×1 ($\beta=50\sim100$)或 9013。

(8) 电阻器、电容器若干。

四、实验内容

按电路图 4.20 组接电路。

1. 静态工作点的调整

接通 $+12$ V 直流电源,在 B 点加入 $f=1$ kHz 正弦信号 u_i,输出端用示波器监视输出波形,反复调整 R_W 及信号源的输出幅度,使在示波器的屏幕上得到一个最大不失真输出波形,然后置 $u_i=0$,用直流电压表测量晶体管各电极对地电位,将测得数据记入表 4.19 中。

表 4.19　静态工作点测量数据

U_E(V)	U_B(V)	U_C(V)	I_E(mA)

在下面整个测试过程中应保持 R_W 值不变(即保持静工作点 I_E 不变)。

2. 测量电压放大倍数 A_V

接入负载 $R_L=1$ kΩ,在 B 点加 $f=1$ kHz 正弦信号 u_i,调节输入信号幅度,用示波器观察输出波形 u_o,在输出最大不失真情况下,用交流毫伏表测 U_i、U_L 值。记入表 4.20 中。

表 4.20　电压放大倍数测量数据

U_i(V)	U_L(V)	A_V

3. 测量输出电阻 R_o

接上负载 $R_L=1$ kΩ,在 B 点加 $f=1$ kHz 正弦信号 u_i,用示波器监视输出波形,测空载输

出电压 U_o,有负载时输出电压 U_L,记入表 4.21 中。

表 4.21　输出电阻测量数据

U_0(V)	U_L(V)	R_O(kΩ)

4. 测量输入电阻 R_i

在 A 点加 $f=1$ kHz 的正弦信号 u_s,用示波器监视输出波形,用交流毫伏表分别测出 A、B 点对地的电位 U_s、U_i,记入表 4.22 中。

表 4.22　输入电阻测量数据

U_S(V)	U_i(V)	R_i(kΩ)

5. 测试跟随特性

接入负载 $R_L=1$ kΩ,在 B 点加入 $f=1$ kHz 正弦信号 u_i,逐渐增大信号 u_i 幅度,用示波器监视输出波形直至输出波形达最大不失真,测量对应的 U_L 值,记入表 4.23 中。

表 4.23　跟随特性测量数据

U_i(V)	
U_L(V)	

6. 测试频率响应特性

保持输入信号 u_i 幅度不变,改变信号源频率,用示波器监视输出波形,用交流毫伏表测量不同频率下的输出电压 U_L 值,记入表 4.24 中。

表 4.24　频率响应特性测量数据

f(kHz)	
U_L(V)	

五、实验注意事项

(1) 静态工作点调整好之后,在后面的实验中,应保持不变,即保持 R_W 值不变。

(2) 应注意不同仪器的读数是峰峰值还是有效值。

(3) 测量过程中,要保持波形不失真。

六、预习要求

(1) 复习射极跟随器的工作原理。

(2) 根据图 4.20 的元件参数值估算静态工作点,并画出交、直流负载线。

七、实验报告

(1) 整理实验数据,并画出曲线 $U_L=f(U_i)$ 及 $U_L=f(f)$ 曲线。

（2）分析射极跟随器的性能和特点。

实验七　差动放大器

一、实验目的

（1）加深对差动放大器性能及特点的理解。
（2）学习差动放大器主要性能指标的测试方法。

二、实验原理

图 4.21 是差动放大器的基本结构。它由两个元件参数相同的基本共射放大电路组成。当开关 K 拨向左边时，构成典型的差动放大器。调零电位器 R_P 用来调节 T_1、T_2 管的静态工作点，使得输入信号 $U_i = 0$ 时，双端输出电压 $U_O = 0$。R_E 为两管共用的发射极电阻，它对差模信号无负反馈作用，因而不影响差模电压放大倍数，但对共模信号有较强的负反馈作用，故可以有效地抑制零漂，稳定静态工作点。

当开关 K 拨向右边时，构成具有恒流源的差动放大器。它用晶体管恒流源代替发射极电阻 R_E，可以进一步提高差动放大器抑制共模信号的能力。

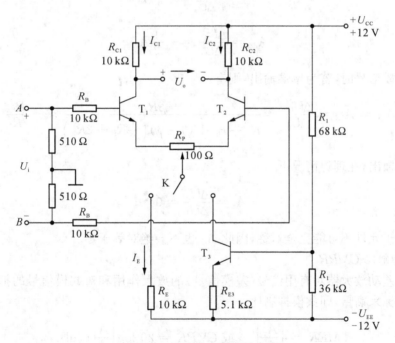

图 4.21　差动放大器实验电路

1. 静态工作点的估算
典型电路

$$I_E \approx \frac{|U_{EE}| - U_{BE}}{R_E} \quad (\text{认为 } U_{B1} = U_{B2} \approx 0)$$

$$I_{C1} = I_{C2} = \frac{1}{2} I_E$$

恒流源电路

$$I_{C3} \approx I_{E3} \approx \frac{\dfrac{R_2}{R_1+R_2}(U_{CC}+|U_{EE}|)-U_{BE}}{R_{E3}}$$

$$I_{C1} = I_{C1} = \frac{1}{2}I_{C3}$$

2. 差模电压放大倍数和共模电压放大倍数

当差动放大器的射极电阻 R_E 足够大,或采用恒流源电路时,差模电压放大倍数 A_d 由输出端方式决定,而与输入方式无关。

双端输出:$R_E = \infty$,R_P 在中心位置时,

$$A_d = \frac{\Delta U_o}{\Delta U_i} = -\frac{\beta R_c}{R_B + r_{be} + \dfrac{1}{2}(1+\beta)R_P}$$

单端输出:

$$A_{d1} = \frac{\Delta U_{C1}}{\Delta U_i} = \frac{1}{2}A_d$$

$$A_{d2} = \frac{\Delta U_{C2}}{\Delta U_i} = -\frac{1}{2}A_d$$

当输入共模信号时,若为单端输出,则有

$$A_{C1} = A_{C2} = \frac{\Delta U_{C1}}{\Delta U_i} = \frac{-\beta R_c}{R_B + r_{be} + (1+\beta)\left(\dfrac{1}{2}R_P + 2R_E\right)} \approx -\frac{R_E}{2R_E}$$

若为双端输出,在理想情况下

$$A_c = \frac{\Delta U_o}{\Delta U_i} = 0$$

实际上由于元件不可能完全对称,因此 A_c 也不会绝对等于零。

3. 共模抑制比 *CMRR*

为了表征差动放大器对有用信号(差模信号)的放大作用和对共模信号的抑制能力,通常用一个综合指标来衡量,即共模抑制比

$$CMRR = \left|\frac{A_d}{A_c}\right| \quad \text{或} \quad CMRR = 20\log\left|\frac{A_d}{A_c}\right| \text{(dB)}$$

差动放大器的输入信号可采用直流信号也可采用交流信号。本实验由函数信号发生器提供频率 $f=1$ kHz 的正弦信号作为输入信号。

三、实验设备与器件

(1) ±12 V 直流电源。

(2) 函数信号发生器。

（3）双踪示波器。

（4）交流毫伏表。

（5）直流电压表。

（6）晶体三极管 3DG6×3 或（9011×3）、电阻器、电容器若干。

四、实验内容

1. 典型差动放大器性能测试

按图 4.21 连接实验电路，开关 K 拨向左边构成典型差动放大器。

（1）测量静态工作点。

① 调节放大器零点

信号源不接入。将放大器输入端 A、B 与地短接，接通 ±12 V 直流电源，用直流电压表测量输出电压 U_o，调节调零电位器 R_P，使 $U_o=0$。

② 测量静态工作点

零点调好以后，用直流电压表测量 T_1、T_2 管各电极电位及射极电阻 R_E 两端电压 U_{RE}，记入表 4.25 中。

表 4.25　静态工作点测量数据

测量值	$U_{C1}(V)$	$U_{B1}(V)$	$U_{E1}(V)$	$U_{C2}(V)$	$U_{B2}(V)$	$U_{E2}(V)$	$U_{RE}(V)$
计算值	$I_C(mA)$			$I_B(mA)$			$U_{CE}(V)$

（2）测量差模电压放大倍数。

断开直流电源，将函数信号发生器的输出端接放大器输入 A 端，地端接放大器输入 B 端构成单端输入方式，调节输入信号为频率 $f=1$ kHz 的正弦信号，并使输出旋钮旋至零，用示波器监视输出端（集电极 C_1 或 C_2 与地之间）。

接通 ±12 V 直流电源，逐渐增大输入电压 U_i（约 100 mV），在输出波形无失真的情况下，用交流毫伏表测 U_i，U_{C1}，U_{C2}，记入表 4.26 中，并观察 u_i，u_{C1}，u_{C2} 之间的相位关系及 U_{RE} 随 U_i 改变而变化的情况。

（3）测量共模电压放大倍数。

将放大器 A、B 短接，信号源接 A 端与地之间，构成共模输入方式，调节输入信号 $f=1$ kHz，$U_i=1$ V，在输出电压无失真的情况下，测量 U_{C1}，U_{C2} 之值记入表 4.26 中，并观察 u_i，u_{C1}，u_{C2} 之间的相位关系及 U_{RE} 随 U_i 改变而变化的情况。

表 4.26　两种差动放大电路性能的比较

	典型差动放大电路		具有恒流源差动放大电路	
	单端输入	共模输入	单端输入	共模输入
U_i	100 mV	1 V	100 mV	1 V
$U_{C1}(V)$				

	典型差动放大电路		具有恒流源差动放大电路	
	单端输入	共模输入	单端输入	共模输入
$U_{C2}(V)$				
$A_{d1}=\dfrac{U_{C1}}{U_i}$		/		/
$A_d=\dfrac{U_o}{U_i}$		/		/
$A_{C1}=\dfrac{U_{C1}}{U_i}$	/		/	
$A_C=\dfrac{U_o}{U_i}$	/		/	
$CMRR=\left\|\dfrac{A_{d1}}{A_{C1}}\right\|$				

2. 具有恒流源的差动放大电路性能测试

将图 4.21 电路中开关 K 拨向右边,构成具有恒流源的差动放大电路。重复内容 1 中第(2)步和第(3)步的要求,记入表 4.26。

五、实验注意事项

(1) 测量静态工作点的时候,注意放大器输入端与地之间的连接方式。
(2) 不同的输入输出方式的实验电路连接方式要正确。

六、思考题

1. 实验中怎样获得双端和单端输入差模信号? 怎样获得共模信号? 画出 A、B 端与信号源之间的连接图。
2. 比较 u_i,u_{C1},和 u_{C2} 之间的相位关系。

七、实验报告要求

(1) 按照提供的表格记录实验数据。
(2) 整理实验数据,比较实验结果和理论估算值,分析误差原因。
(3) 根据实验结果,总结电阻 R_E 和恒流源的作用。

实验八　有源滤波器

一、实验目的

(1) 熟悉用运放、电阻和电容组成有源低通滤波、高通滤波和带通、带阻滤波器。
(2) 学会测量有源滤波器的幅频特性。

二、实验原理

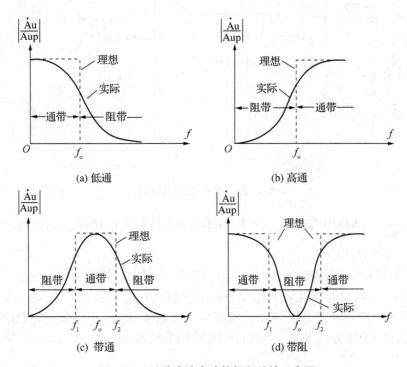

图 4.22　四种滤波电路的幅频特性示意图

由 RC 元件与运算放大器组成的滤波器称为 RC 有源滤波器,其功能是让一定频率范围内的信号通过,抑制或急剧衰减此频率范围以外的信号。可用在信息处理、数据传输、抑制干扰等方面,但因受运算放大器频带限制,这类滤波器主要用于低频范围。根据对频率范围的选择不同,可分为低通(LPF)、高通(HPF)、带通(BPF)与带阻(BEF)等四种滤波器,它们的幅频特性如图 4.22 所示。

具有理想幅频特性的滤波器是很难实现的,只能用实际的幅频特性去逼近理想的。一般来说,滤波器的幅频特性越好,其相频特性越差,反之亦然。滤波器的阶数越高,幅频特性衰减的速率越快,但 RC 网络的节数越多,元件参数计算越繁琐,电路调试越困难。任何高阶滤波器均可以用较低的二阶 RC 有滤波器级联实现。

1. 低通滤波器(LPF)

低通滤波器是用来通过低频信号衰减或抑制高频信号。

如图 4.23(a)所示,为典型的二阶有源低通滤波器。它由两级 RC 滤波环节与同相比例运算电路组成,其中第一级电容 C 接至输出端,引入适量的正反馈,以改善幅频特性。

图 4.23(b)为二阶低通滤波器幅频特性曲线。

电路性能参数

$A_{up} = 1 + \dfrac{R_f}{R_1}$　二阶低通滤波器的通带增益。

$f_0 = \dfrac{1}{2\pi RC}$　截止频率,它是二阶低通滤波器通带与阻带的界限频率。

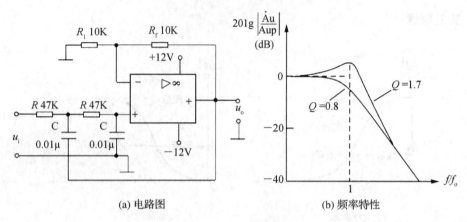

(a) 电路图　　　　　　　(b) 频率特性

图 4.23　二阶低通滤波器

$$Q = \frac{1}{3 - A_{up}}$$　　　品质因数,它的大小影响低通滤波器在截止频率处幅频特性的形状。

2. 高通滤波器(HPF)

与低通滤波器相反,高通滤波器用来通过高频信号,衰减或抑制低频信号。

只要将图 4.23 低通滤波电路中起滤波作用的电阻、电容互换,即可变成二阶有源高通滤波器,如图 4.24(a)所示。高通滤波器性能与低通滤波器相反,其频率响应和低通滤波器是"镜象"关系,仿照 LPH 分析方法,不难求得 HPF 的幅频特性。

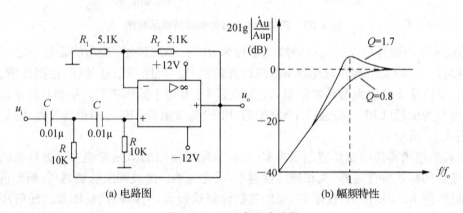

(a) 电路图　　　　　　　(b) 幅频特性

图 4.24　二阶高通滤波器

电路性能参数 A_{up}、f_0、Q 各量的函义同二阶低通滤波器。

图 4.24(b)为二阶高通滤波器的幅频特性曲线,可见,它与二阶低通滤波器的幅频特性曲线有"镜像"关系。

3. 带通滤波器(BPF)

这种滤波器的作用是只允许在某一个通频带范围内的信号通过,而比通频带下限频率低和比上限频率高的信号均加以衰减或抑制。

典型的带通滤波器可以从二阶低通滤波器中将其中一级改成高通而成。如图 4.25(a)所示。

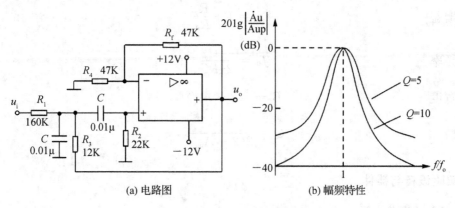

(a) 电路图　　　　　　　　(b) 幅频特性

图 4.25　二阶带通滤波器

电路性能参数

通带增益

$$A_{up} = \frac{R_4 + R_f}{R_4 R_1 CB}$$

中心频率

$$f_0 = \frac{1}{2\pi}\sqrt{\frac{1}{R_2 C^2}\left(\frac{1}{R_1} + \frac{1}{R_3}\right)}$$

通带宽度

$$B = \frac{1}{C}\left(\frac{1}{R_1} + \frac{2}{R_2} - \frac{R_f}{R_3 R_4}\right)$$

选择性

$$Q = \frac{\omega_o}{B}$$

此电路的优点是改变 R_f 和 R_4 的比例就可改变频宽而不影响中心频率。

4. 带阻滤波器（BEF）

如图 4.26(a) 所示，这种电路的性能和带通滤波器相反，即在规定的频带内，信号不能通过（或受到很大衰减或抑制），而在其余频率范围，信号则能顺利通过。

在双 T 网络后加一级同相比例运算电路就构成了基本的二阶有源 BEF。

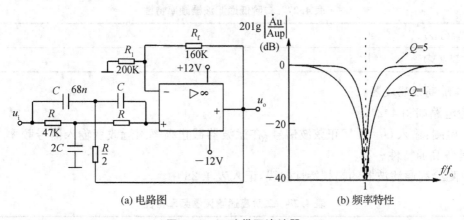

(a) 电路图　　　　　　　　(b) 频率特性

图 4.26　二阶带阻滤波器

电路性能参数

通带增益
$$A_{up} = 1 + \frac{R_f}{R_1}$$

中心频率
$$f_0 = \frac{1}{2\pi RC}$$

带阻宽度
$$B = 2(2 - A_{up})$$

选择性
$$Q = \frac{1}{2(2 - A_{up})}$$

三、实验设备与器件

(1) ±12 V 直流电源。

(2) 函数信号发生器。

(3) 双踪示波器。

(4) 交流毫伏表。

(5) 频率计。

(6) μA741×1。

(7) 电阻器、电容器若干。

四、实验内容

1. 二阶低通滤波器

实验电路如图 4.23(a)

(1) 粗测:接通±12 V 电源。u_i 接函数信号发生器,令其输出为 $U_i = 1$ V 的正弦波信号,在滤波器截止频率附近改变输入信号频率,用示波器或交流毫伏表观察输出电压幅度的变化是否具备低通特性,如不具备,应排除电路故障。

(2) 在输出波形不失真的条件下,选取适当幅度的正弦输入信号,在维持输入信号幅度不变的情况下,逐点改变输入信号频率。测量输出电压,记入表 4.27 中,描绘频率特性曲线。

表 4.27　二阶低通滤波器频率特性

f(Hz)	
U_O(V)	

2. 二阶高通滤波器

实验电路如图 4.24(a)

(1) 粗测:输入 $U_i = 1$ V 正弦波信号,在滤波器截止频率附近改变输入信号频率,观察电路是否具备高通特性。

(2) 测绘高通滤波器的幅频特性曲线,记入表 4.28 中。

表 4.28　二阶高通滤波器频率特性

f(Hz)	
U_O(V)	

3. 带通滤波器

实验电路如图 4.25(a),测量其频率特性。记入表 4.29 中。

(1) 实测电路的中心频率 f_0。

(2) 以实测中心频率为中心,测绘电路的幅频特性。

表 4.29　带通滤波器频率特性

f(Hz)	
U_O(V)	

4. 带阻滤波器

实验电路如图 4.26(a)所示。

(1) 实测电路的中心频率 f_0。

(2) 测绘电路的幅频特性,记入表 4.30 中。

表 4.30　带阻滤波器频率特性

f(Hz)	
U_O(V)	

五、实验注意事项

(1) 粗测时,要仔细观察,发现电路故障要及时排除,才能往下进行实验。

(2) 在不失真的情况下,应多测几组数据,以便画图。

六、预习要求

(1) 复习教材有关滤波器内容。

(2) 分析图 4.23、4.24、4.25、4.26 所示电路,写出它们的增益特性表达式。

(3) 计算图 4.23、4.24 的截止频率,4.25、4.26 的中心频率。

(4) 画出上述四种电路的幅频特性曲线。

七、实验报告

(1) 整理实验数据,测绘电路的幅频特性。

(2) 根据实验曲线,计算截止频率、中心频率,带宽及品质因数。

(3) 总结有源滤波电路的特性。

4.3　提高性实验

实验一　场效应管放大器

一、实验目的

(1) 了解结型场效应管的性能和特点。

（2）进一步熟悉放大器动态参数的测试方法。

二、实验原理

　　场效应管是一种电压控制型器件。按结构可分为结型和绝缘栅型两种类型。由于场效应管栅源之间处于绝缘或反向偏置，所以输入电阻很高（一般可达上百兆欧）又由于场效应管是一种多数载流子控制器件，因此热稳定性好，抗辐射能力强，噪声系数小。加之制造工艺较简单，便于大规模集成，因此得到越来越广泛的应用。

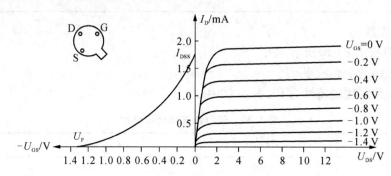

图 4.27　3DJ6F 的输出特性和转移特性曲线

　　1. 结型场效应管的特性和参数

　　场效应管的特性主要有输出特性和转移特性。图 4.27 所示为 N 沟道结型场效应管 3DJ6F 的输出特性和转移特性曲线。其直流参数主要有饱和漏极电流 I_{DSS}，夹断电压 U_P 等。交流参数主要有低频跨导 $g_m = \dfrac{\Delta I_D}{\Delta U_{GS}} \mid U_{DS} = $常数，表 4.31 列出了 3DJ6F 的典型参数值及测试条件。

表 4.31　3DJ6F 的典型参数值及测试条件

参数名称	饱和漏极电流 I_{DSS} (mA)	夹断电压 U_P (V)	跨导 g_m (μA/V)
测试条件	$U_{DS} = 10$ V $U_{GS} = 0$ V	$U_{DS} = 10$ V $I_{DS} = 50\ \mu$A	$U_{DS} = 10$ V $I_{DS} = 3$ mA $f = 1$ kHz
参数值	$1 \sim 3.5$	$< \lvert -9 \rvert$	> 100

　　2. 场效应管放大器性能分析

　　图 4.28 为结型场效应管组成的共源级放大电路。

　　其静态工作点 $U_{GS} = U_G - U_S = \dfrac{R_{g1}}{R_{g1} + R_{g2}} U_{DD} - I_D R_S$，$I_D = I_{DSS}\left(1 - \dfrac{U_{GS}}{U_P}\right)^2$

　　中频电压放大倍数 $A_V = -g_m R_L' = -g_m R_D /\!/ R_L$

　　输入电阻 $R_i = R_G + R_{g1} /\!/ R_{g2}$

　　输出电阻 $R_o \approx R_D$

　　式中跨导 g_m 可由特性曲线用作图法求得，或用公式 $g_m = -\dfrac{2 I_{Dss}}{U_P}\left(1 - \dfrac{U_{GS}}{U_P}\right)$ 计算，但要注意，计算时 U_{GS} 要用静态工作点处之数值。

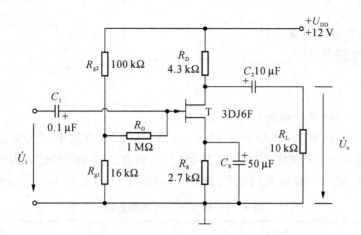

图 4.28 结型场效应管共源级放大器

3. 输入电阻的测量方法

场效应管放大器的静态工作点、电压放大倍数和输出电阻的测量方法,与晶体管放大器的测量方法相同。测量输入电阻时,由于场效应管的 R_i 比较大,如直接测输入电压 U_S 和 U_i,则限于测量仪器的输入电阻有限,必然会带来较大的误差,因此为了减小误差,常利用被测放大器的隔离作用,通过测量输出电压 U_o 来计算输入电阻,测量电路如图 4.29 所示。

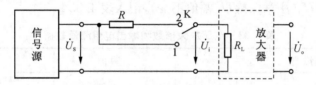

图 4.29 输入电阻测量电路

在放大器的输入端串入电阻 R,把开关 K 掷向位置 $1(R=0)$,测量放大器的输出电压 $U_{o1}=A_V U_s$,保持 U_s 不变,再把 K 掷向 2(接入 R),测量放大器的输出电压 U_{o2}。由于两次测量中 A_V 和 U_S 保持不变,故

$$U_{o2}=A_V U_i=\frac{R_i}{R+R_i}U_s A_V$$

由此可以求出

$$R_i=\frac{U_{o2}}{U_{o1}-U_{o2}}R$$

式中 R 和 R_i 不要相差太大,本实验可取 $R=100\ \text{k}\Omega\sim200\ \text{k}\Omega$。

三、实验设备与器件

(1) +12 V 直流电源(可用模拟电路试验箱自带直流电源)。

(2) 函数信号发生器。

(3) 双踪示波器。

(4) 交流毫伏表。

(5) 万用表。

(6) 结型场效应管 3DJ6F×1。

(7) 电阻器、电容器若干。

四、实验内容

1. 静态工作点的测量和调整

(1) 按图 4.28 连接电路,令 $U_i=0$,接通+12V 电源,用直流电压表测量 U_G、U_s 和 U_D。检查静态工作点是否在特性曲线放大区的中间部分,如合适则把结果记入表 4.32 中。

(2) 若不合适,则适当调整 R_{g2} 和 R_s,调好后,再测量 U_G、U_s 和 U_D 记入表 4.32 中。

表 4.32   静态工作点测量数据

测量值						计算值		
$U_G(V)$	$U_s(V)$	$U_D(V)$	$U_{DS}(V)$	$U_{GS}(V)$	$I_D(mA)$	$U_{DS}(V)$	$U_{GS}(V)$	$I_D(mA)$

2. 电压放大倍数 A_V、输入电阻 R_i 和输出电阻 R_o 的测量

(1) A_V 和 R_o 的测量。

在放大器的输入端加入 $f=1$ kHz 的正弦信号 U_i(≈50~100 mV),并用示波器监视输出电压 U_o 的波形。在输出电压 U_o 没有失真的条件下,用交流毫伏表分别测量 $R_L=\infty$ 和 $R_L=10$ kΩ 时的输出电压 U_o(注意保持 U_i 幅值不变),记入表 4.33。

表 4.33   电压放大倍数和输出电阻测量数据

	测量值				计算值		u_i 和 u_O 波形
	$U_i(V)$	$U_O(V)$	A_V	$R_O(k\Omega)$	A_V	$R_O(k\Omega)$	
$R_L=\infty$							
$R_L=10$ K							

用示波器同时观察 U_i 和 U_o 的波形,描绘出来并分析它们的相位关系。

(2) R_i 的测量。

按图 4.29 改接实验电路,选择合适大小的输入电压 U_s(约 50~100 mV),将开关 K 掷向"1",测出 $R=0$ 时的输出电压 U_{o1},然后将开关掷向"2",(接入 R),保持 U_s 不变,再测出 U_{o2},根据公式 $R_i=\dfrac{U_{o2}}{U_{o1}-U_{o2}}R$,求出 R_i,记入表 4.34 中。

表 4.34   输入电阻的测量

测量值			计算值
$U_{01}(V)$	$U_{02}(V)$	$R_i(k\Omega)$	$R_i(k\Omega)$

五、实验注意事项

(1) 注意选择合适的静态工作点。

(2) 在测量不同 R_L 时的输出电压 U_o 时,注意保持 U_i 幅值不变。

六、思考题

(1) 把场效应管放大器与晶体管放大器进行比较,总结场效应管放大器的特点。

(2) 分别用图解法与计算法估算静态工作点(根据实验电路参数),求出工作点处的跨导 g_m。

(3) 为什么测量场效应管输入电阻时要用测量输出电压的方法?

七、实验报告要求

(1) 按照提供的表格记录实验数据。

(2) 整理实验数据,将测得的 A_V、R_i、R_o 和理论计算值进行比较。

(3) 分析测试中的问题,总结实验收获。

实验二 OTL 功率放大器

一、实验目的

(1) 进一步理解 OTL 功率放大器的工作原理。

(2) 学会 OTL 电路的调试及主要性能指标的测试方法。

二、实验原理

图 4.30 所示为 OTL 低频功率放大器。其中由晶体三极管 T_1 组成推动级(也称前置放大级),T_2、T_3 是一对参数对称的 NPN 和 PNP 型晶体三极管,它们组成互补推挽 OTL 功放电路。由于每一个管子都接成射极输出器形式,因此具有输出电阻低,负载能力强等优点,适

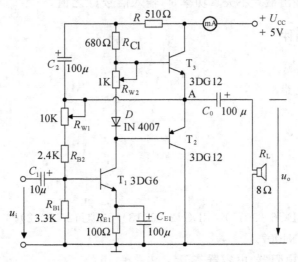

图 4.30 OTL 功率放大器实验电路

合于作功率输出级。T_1 管工作于甲类状态,它的集电极电流 I_{C1} 由电位器 R_{W1} 进行调节。I_{C1} 的一部分流经电位器 R_{W2} 及二极管 D,给 T_2、T_3 提供偏压。调节 R_{W2},可以使 T_2、T_3 得到合适的静态电流而工作于甲、乙类状态,以克服交越失真。静态时要求输出端中点 A 的电位 $U_A = \frac{1}{2}U_{CC}$,可以通过调节 R_{W1} 来实现,又由于 R_{W1} 的一端接在 A 点,因此在电路中引入交、直流电压并联负反馈,一方面能够稳定放大器的静态工作点,同时也改善了非线性失真。

当输入正弦交流信号 u_i 时,经 T_1 放大、倒相后同时作用于 T_2、T_3 的基极,u_i 的负半周使 T_2 管导通(T_3 管截止),有电流通过负载 R_L,同时向电容 C_0 充电,在 u_i 的正半周,T_3 导通(T_2 截止),则已充好电的电容器 C_0 起着电源的作用,通过负载 R_L 放电,这样在 R_L 上就得到完整的正弦波。

C_2 和 R 构成自举电路,用于提高输出电压正半周的幅度,以得到大的动态范围。

OTL 电路的主要性能指标:

1. 最大不失真输出功率 P_{om}

理想情况下,$P_{om} = \frac{1}{8}\frac{U_{CC}^2}{R_L}$,在实验中可通过测量 R_L 两端的电压有效值,来求得实际的 $P_{om} = \frac{U_o^2}{R_L}$。

2. 效率 η

$$\eta = \frac{P_{om}}{P_E}100\% \quad (P_E \text{ 为直流电源供给的平均功率})$$

理想情况下,$\eta_{max} = 78.5\%$。在实验中,可测量电源供给的平均电流 I_{dC},从而求得 $P_E = U_{CC} \cdot I_{dC}$,负载上的交流功率已用上述方法求出,因而也就可以计算实际效率了。

3. 频率响应

详见实验二有关部分内容。

4. 输入灵敏度

输入灵敏度是指输出最大不失真功率时,输入信号 U_i 之值。

三、实验设备与器件

(1) +5 V 直流电源。

(2) 函数信号发生器。

(3) 双踪示波器。

(4) 交流毫伏表。

(5) 直流电压表。

(6) 直流毫安表。

(7) 频率计。

(8) 晶体三极管 3DG6 (9011)　3DG12 (9013)　3CG12 (9012)。

(9) 晶体二极管 IN4007。

(10) 8 Ω 扬声器、电阻器、电容器若干。

四、实验内容

在整个测试过程中,电路不应有自激现象。

1. 静态工作点的测试

按图 4.30 连接实验电路,将输入信号旋钮旋至零($u_i=0$)电源进线中串入直流毫安表,电位器 R_{W2} 置最小值,R_{W1} 置中间位置。接通 +5 V 电源,观察毫安表指示,同时用手触摸输出级管子,若电流过大,或管子温升显著,应立即断开电源检查原因(如 R_{W2} 开路,电路自激,或输出管性能不好等)。如无异常现象,可开始调试。

(1) 调节输出端中点电位 U_A。

调节电位器 R_{W1},用直流电压表测量 A 点电位,使 $U_A=\dfrac{1}{2}U_{CC}$。

(2) 调整输出极静态电流及测试各级静态工作点。

调节 R_{W2},使 T_2、T_3 管的 $I_{C2}=I_{C3}=5\sim10$ mA。从减小交越失真角度而言,应适当加大输出极静态电流,但该电流过大,会使效率降低,所以一般以 $5\sim10$ mA 左右为宜。由于毫安表是串在电源进线中,因此测得的是整个放大器的电流,但一般 T_1 的集电极电流 I_{C1} 较小,从而可以把测得的总电流近似当作末级的静态电流。如要准确得到末级静态电流,则可从总电流中减去 I_{C1} 之值。

调整输出级静态电流的另一方法是动态调试法。先使 $R_{W2}=0$,在输入端接入 $f=1$ kHz 的正弦信号 u_i。逐渐加大输入信号的幅值,此时,输出波形应出现较严重的交越失真(注意:没有饱和和截止失真),然后缓慢增大 R_{W2},当交越失真刚好消失时,停止调节 R_{W2},恢复 $u_i=0$,此时直流毫安表读数即为输出级静态电流。一般数值也应在 $5\sim10$ mA 左右,如过大,则要检查电路。

输出极电流调好以后,测量各级静态工作点,记入表 4.35 中。

表 4.35　$I_{C2}=I_{C3}=$ _____ mA　$U_A=2.5$ V

	T_1	T_2	T_3
$U_B(V)$			
$U_C(V)$			
$U_E(V)$			

注意:

① 在调整 R_{W2} 时,一是要注意旋转方向,不要调得过大,更不能开路,以免损坏输出管。

② 输出管静态电流调好,如无特殊情况,不得随意旋动 R_{W2} 的位置。

2. 最大输出功率 P_{om} 和效率 η 的测试

(1) 测量 P_{om}。

输入端接 $f=1$ kHz 的正弦信号 u_i,输出端用示波器观察输出电压 u_0 波形。逐渐增大 u_i,使输出电压达到最大不失真输出,用交流毫伏表测出负载 R_L 上的电压 U_{om},则 $P_{om}=\dfrac{U_{om}^2}{R_L}$。

(2) 测量 η。

当输出电压为最大不失真输出时,读出直流毫安表中的电流值,此电流即为直流电源供给

的平均电流 I_{dc}(有一定误差),由此可近似求得 $P_E = U_{CC} I_{dc}$,再根据上面测得的 P_{om},即可求出 $\eta = \dfrac{P_{om}}{P_E}$。

3. 输入灵敏度测试

根据输入灵敏度的定义,只要测出输出功率 $P_o = P_{om}$ 时的输入电压值 U_i 即可。

4. 频率响应的测试

测试方法同实验二。记入表 4.36。

表 4.36　$U_i =$ ＿＿＿＿＿ mV 时,测得的频率响应的相关数据

				f_L			f_0			f_H		
f(Hz)							1 000					
U_0(V)												
A_V												

在测试时,为保证电路的安全,应在较低电压下进行,通常取输入信号为输入灵敏度的 50%。在整个测试过程中,应保持 U_i 为恒定值,且输出波形不得失真。

5. 研究自举电路的作用

(1) 测量有自举电路,且 $P_o = P_{omax}$ 时的电压增益 $A_V = \dfrac{U_{om}}{U_i}$。

(2) 将 C_2 开路,R 短路(无自举),再测量 $P_o = P_{omax}$ 的 A_V。

用示波器观察(1)、(2)两种情况下的输出电压波形,并将以上两项测量结果进行比较,分析研究自举电路的作用。

6. 噪声电压的测试

测量时将输入端短路($u_i = 0$),观察输出噪声波形,并用交流毫伏表测量输出电压,即为噪声电压 U_N,本电路若 $U_N < 15$ mV,即满足要求。

7. 试听

输入信号改为录音机输出,输出端接试听音箱及示波器。开机试听,并观察语言和音乐信号的输出波形。

五、实验总结

(1) 整理实验数据,计算静态工作点、最大不失真输出功率 P_{om}、效率 η 等,并与理论值进行比较。画频率响应曲线。

(2) 分析自举电路的作用。

(3) 讨论实验中发生的问题及解决办法。

六、预习要求

(1) 复习有关 OTL 工作原理部分内容。

(2) 为什么引入自举电路能够扩大输出电压的动态范围?

(3) 交越失真产生的原因是什么? 怎样克服交越失真?

(4) 电路中电位器 R_{W2} 如果开路或短路,对电路工作有何影响?

（5）为了不损坏输出管，调试中应注意什么问题？

（6）如电路有自激现象，应如何消除？

实验三　*LC* 正弦波振荡器

一、实验目的

（1）掌握变压器反馈式 *LC* 正弦波振荡器的调整和测试方法。

（2）研究电路参数对 *LC* 振荡器起振条件及输出波形的影响。

二、实验原理

LC 正弦波振荡器是用 *L*、*C* 元件组成选频网络的振荡器，一般用来产生 1 MHz 以上的高频正弦信号。根据 *LC* 调谐回路的不同连接方式，*LC* 正弦波振荡器又可分为变压器反馈式（或称互感耦合式）、电感三点式和电容三点式三种。图 4.31 为变压器反馈式 *LC* 正弦波振荡器的实验电路。其中晶体三极管 T_1 组成共射放大电路，变压器 T_r 的原绕组 L_1（振荡线圈）与电容 C 组成调谐回路，它既做为放大器的负载，又起选频作用，副绕组 L_2 为反馈线圈，L_3 为输出线圈。

该电路是靠变压器原、副绕组同名端的正确连接如图 4.31 中所示，来满足自激振荡的相位条件，即满足正反馈条件。在实际调试中可以通过把振荡线圈 L_1 或反馈线圈 L_2 的首、末端对调，来改变反馈的极性。而振幅条件的满足，一是靠合理选择电路参数，使放大器建立合适的静态工作点，其次是改变线圈 L_2 的匝数，或它与 L_1 之间的耦合程度，以得到足够强的反馈量。稳幅作用是利用晶体管的非线性来实现的。由于 *LC* 并联谐振回路具有良好的选频作用，因此输出电压波形一般失真不大。

振荡器的振荡频率由谐振回路的电感和电容决定 $f_0 = \dfrac{1}{2\pi\sqrt{LC}}$ 式中 *L* 为并联谐振回路的等效电感（即考虑其他绕组的影响）。

振荡器的输出端增加一级射极跟随器，用以提高电路的带负载能力。

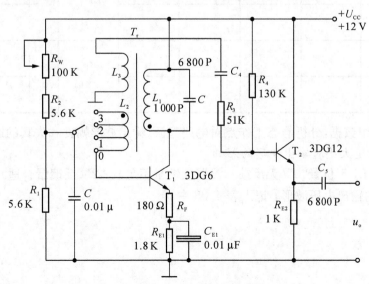

图 4.31　*LC* 正弦波振荡器实验电路

三、实验设备与器件

(1) +12 V 直流电源。

(2) 双踪示波器。

(3) 交流毫伏表。

(4) 直流电压表。

(5) 频率计。

(6) 振荡线圈。

(7) 晶体三极管 3DG6×1(9011×1)、3DG12×1(9013×1)、电阻器、电容器若干。

四、实验内容

按图 4.31 连接实验电路。电位器 R_W 置最大位置,振荡电路的输出端接示波器。

1. 静态工作点的调整

(1) 接通 U_{CC}=+12 V 电源,调节电位器 R_W,使输出端得到不失真的正弦波形,如不起振,可改变 L_2 的首末端位置,使之起振。

测量两管的静态工作点及正弦波的有效值 U_o,记入表 4.37 中。

(2) 把 R_W 调小,观察输出波形的变化。测量有关数据,记入表 4.37 中。

(3) 调大 R_W,使振荡波形刚刚消失,测量有关数据,记入表 4.37 中。

表 4.37　静态工作点测量数据

		U_B(V)	U_E(V)	U_C(V)	I_C(mA)	U_o(V)	u_o 波形
R_W 居中	T_1						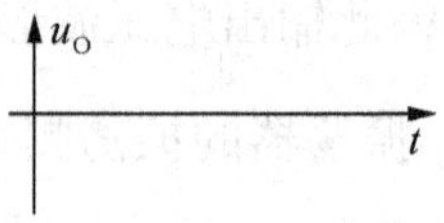
	T_2						
R_W 小	T_1						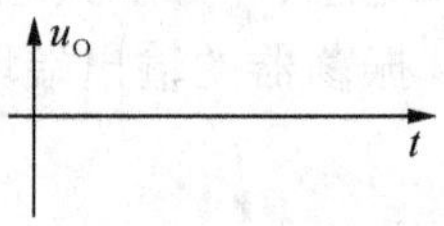
	T_2						
R_W 大	T_1						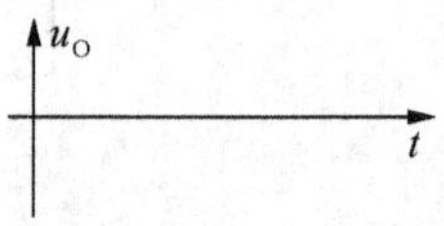
	T_2						

根据以上三组数据,分析静态工作点对电路起振、输出波形幅度和失真的影响。

2. 观察反馈量大小对输出波形的影响

置反馈线圈 L_2 于位置"0"(无反馈)、"1"(反馈量不足)、"2"(反馈量合适)、"3"(反馈量过强)时测量相应的输出电压波形,记入表 4.38 中。

表 4.38　反馈量对输出波形的影响

L_2 位置	"0"	"1"	"2"	"3"
u_o 波形				

3. 验证相位条件

改变线圈 L_2 的首、末端位置,观察停振现象;恢复 L_2 的正反馈接法,改变 L_1 的首末端位置,观察停振现象。

4. 测量振荡频率

调节 R_W 使电路正常起振,同时用示波器和频率计测量以下两种情况下的振荡频率 f_0,记入表 4.39 中。

谐振回路电容　　　　① $C=1\,000$ pF　　　　② $C=100$ pF

表 4.39　振荡频率

C(pF)	1000	100
f(kHz)		

5. 观察谐振回路 Q 值对电路工作的影响

谐振回路两端并入 $R=5.1$ kΩ 的电阻,观察 R 并入前后振荡波形的变化情况。

五、实验注意事项

(1) 将电路调整到合适的静态工作点。

(2) 用示波器和频率计同时测量振荡频率时,注意不同测量仪器的使用方法。

六、思考题

(1) LC 振荡器是怎样进行稳幅的? 在不影响起振的条件下,晶体管的集电极电流是大一些好,还是小一些好?

(2) 为什么可以用测量停振和起振两种情况下晶体管的 U_{BE} 变化,来判断振荡器是否起振?

七、实验报告要求

(1) 按照提供的表格记录整理实验数据。

(2) 根据实验数据,分析、讨论 LC 正弦波振荡器的相位条件和幅值条件。

(3) 总结实验中发现的问题及讨论解决方法。

实验四　集成函数信号发生器芯片的应用与调试

一、实验目的

(1) 了解单片集成函数信号发生器芯片的电路及调试方法。

（2）进一步掌握波形参数的测试方法。

二、实验原理

（1）XR-2206芯片是单片集成函数信号发生器芯片。用它可产生正弦波、三角波和方波。XR-2206的内部线路框图见图4.32,它由压控振荡器VCO、电流开关、缓冲放大器A和三角波、正弦波形成电路四部分组成。三种输出信号的频率由压控振荡器的振荡频率决定,而压控振荡器的振荡频率f则由接于5、6脚之间的电容C与接在7脚的电阻R决定,即$f=1/(RC)$,f范围为0.1 Hz～1 MHz(正弦波),一般用C确定频段,再调节R值来选择该频段内的频率值。

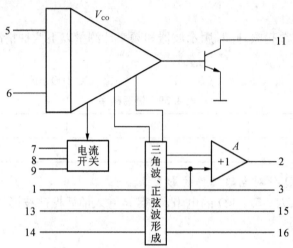

图4.32　XR-2206的内部线路框图

（2）XR-2206芯片各引脚的功能如下:

① 幅度调整信号输入,通常接地或负电源。

② 正弦波和三角波输出端。常态时输出正弦波,若将13脚悬空,则输出三角波。

③ 输出波形的幅值调节。

④ 正电源$V+$(+12 V)。

⑤～⑥ 接振荡电容C。

⑦～⑨ 7、8两脚均可接振荡电阻R,由9脚的电平高低经电流开关来决定哪个起作用。本实验只用7脚,8、9两脚不用(应悬空)。

⑩ 内部参比电压。

⑪ 方波输出,必须外接上拉电阻。

⑫ 接地或负电源$V-$(-12 V)。

⑬～⑭ 调节正弦波的波形失真。需输出三角波时,13脚应悬空。

⑮～⑯ 直流电平调节。

（3）实验电路如图4.33所示。

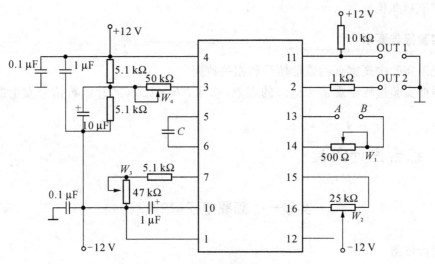

图 4.33 实验电路图

三、实验设备与器件

(1) ±12 V 直流电源。

(2) 双踪示波器。

(3) 频率计。

(4) 直流电压表。

(5) XR－2206 芯片。

(6) 电位器、电阻器、电容器等。

四、实验内容

(1) 按图 4.33 接线,C 取 0.1 μF,短接 A、B 两点,$W_1 \sim W_4$ 均调至中间值附近。

(2) 接通电源后,用示波器观察 OUT2 处的波形。

(3) 依次调节 $W_1 \sim W_4$(每次只调节一个),观察并记录输出波形随该电位器的调节方向而变化的规律,然后将该电位器调至输出波形最佳处(W_3 和 W_4 可调至中间值附近)。

(4) 断开 A、B 间的连线,观察 OUT2 的波形,参照第 3 步观察 $W_1 \sim W_4$ 的作用。

(5) 用示波器观察 OUT1 处的波形,应为方波。分别调节 W_3 和 W_4,其频率和幅值应随之改变。

(6) C 另取一值(如 0.047 μF 或 0.47 μF 等),重复 1～5 步。

五、实验注意事项

(1) 实验前要知道芯片引脚的功能和特点,不要接错。

(2) 实验中要输出不同的波形时,相关的引脚设置要正确。

六、思考题

(1) 如果要求输出波形的频率范围为 10 Hz～100 kHz 分段连续可调,按图 4.33 线路,则

C 应分别选取哪些值?

七、实验报告要求

(1) 记录实验中观察到的波形信号和相关数据。

(2) 根据实验过程中观察和记录的现象,总结 $XR-2206$ 芯片函数信号发生器电路的调试方法。

4.4　综合设计实验

实验一　简易电子琴的设计

一、设计任务

设计一个简易电子琴电路,按下不同琴键即改变 RC 值,能发出 C 调的八个基本音阶,采用运算放大器构成振荡电路,用集成功放电路输出。本设计以硬件搭试调试为主,要求先进行课题分析,对课题进行模块划分,查阅课题相关资料,设计电路图、选择元器进行总体设计,然后进行线路搭试、线路调试、测试,最后撰写课程设计报告。

二、设计原理

简易电子琴电路是将振荡电路与功率放大电路结合的产物。RC 振荡电路是由 RC 选频网络和同相比例运算电路组成,对不同频率的输入信号产生不同的响应。

已知八个基本音阶在 C 调时所对应的频率如表 4.40 所列。

表 4.40　八个基本音阶 C 调时所对应的频率

C 调	1	2	3	4	5	6	7	i
f_0/Hz	264	297	330	352	396	440	495	528

当 $f=f_0=\dfrac{1}{2\pi RC}$ 时 U_O 和 U_i 同相,并且 $|F|=\dfrac{U_i}{U_O}=\dfrac{1}{3}$。而同相比例运算电路的电压放大倍数为 $|A_U|=\dfrac{U_O}{U_i}=1+\dfrac{R_F}{R_1}$,可见,$R_F=2R_1$ 时 $|A_U|=3$,$|A_U F|=1$。U_O 和 U_i 同相,也就是电路具有正反馈。起振时 $|A_U F|>1$,$|A_U|>3$。随着振荡幅度的增大,$|A_U|$ 能自动减小,直到满足 $|A_U|=3$ 或 $|A_U F|=1$ 时,振幅达到稳定,以后可以自动稳幅。

功率放大电路的任务是将输入的电压信号进行功率放大,保证输出尽可能大的不失真功率,从而控制某种执行机构,如使扬声器发出声音、电机转动或仪表指示等等。DG4100系列低频集成功率放大电路是单片式集成电路,特别适合在低压下工作。DG4100型集成功放输出功率是 1.0 W。推荐电源电压为 6 V,负载电阻为 4 Ω;DG4101 型集成功放输出功率是1.5 W,推荐电源电压为 7.5 V,负载电阻为 4 Ω;DG4102 型集成功放输出功率是2.1 W,推荐电源电压为 9 V,负载电阻为 8 Ω。本实验可采用 DG4102 型单片式集成功率放大电路。

三、设计设备与器件

(1) 示波器。

(2) 数字万用表。

(3) 焊接实验板。

(4) 函数信号发生器。

(5) 运算放大器 uA741。

(6) 集成功放 DG4101。

(7) 晶体三极管(9013)。

(8) 电阻器若干。

(9) 电容器若干。

(10) 按键式开关 8 只。

(11) 电烙铁、焊锡丝、若干导线。

四、设计内容

(1) 手工焊接练习。

简易电子琴电路制作工艺是电子产品的电气连接,是通过对元器件、零部件的装配与焊接来实现的。安装与连接,是按照设计要求制造电子产品的主要生产环节。

(2) 振荡电路搭建与调试。

(3) 功率放大电路搭建与调试。

(4) 完成简单的电子琴的设计。

五、设计总结与思考

(1) 撰写设计报告。

(2) 实际电路性能测试结果并对测试中出现的主要问题进行分析。

(3) 通过课程设计所得到的收获和体会。

实验二　函数信号发生器的组装与调试

一、设计任务

采用 ICL8038 是单片集成片实现方波、三角波、正弦波电路。

二、设计原理

ICL8038 是单片集成函数信号发生器,其内部框如图 4.34 所示。它由恒流源 I_1 和 I_2、电压比较器 A 和 B、触发器、缓冲器和三角波变正弦波电路等组成。

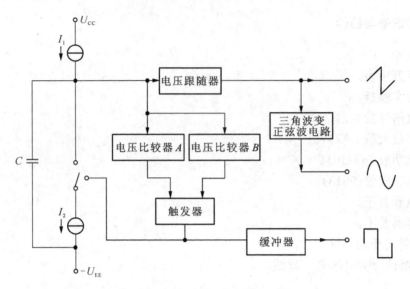

图 4.34　函数信号发生器原理图

外接电容 C 由两个恒流源充电和放电,电压比较器 A、B 的阈值分别为电源电压(指 $UCC+UEE$)的 2/3 和 1/3。恒流源 I_1 和 I_2。的大小可通过外接电阻调节,但必须 $I_2 > I_1$。当触发器的输出为低电平时,恒流源 I_2 断开,恒流源 I_1 给 C 充电,它的两端电压 u_c 随时间线性上升,当 u_c 达到电源电压的 2/3 时,电压比较器 A 的输出电压发生跳变,使触发器输出由低电平变为高电平,恒流源 I_2 接通,由于 $I_1 > I_2$(设 $I_2 = 2I_1$),恒流源 I_2 将电流 $2I_1$ 加到 C 上反充电,相当于 C 由一个净电流 I 放电,C 两端的电压 u_c 又转为直线下降。当它下降到电源电压的1/3时,电压比较器 B 的输出电压发生跳变,使触发器的输出由高电平跳变为原来的低电平,恒流源 I_2 断开,I_1 再给 C 充电,……如此周而复始,产生振荡。若调整电路,使 $I_2 = 2I_1$,则触发器输出为方波,经反相缓冲器由管脚9输出方波信号。C 上的电压 u_c,上升与下降时间相等,为三角波,经电压跟随器从管脚3输出三角波信号。将三角波变成正弦波是经过一个非线性的变换网络(正弦波变换器)而得以实现,在这个非线性网络中,当三角波电位向两端顶点摆动时,网络提供的交流通路阻抗会减小,这样就使三角波的两端变为平滑的正弦波,从管脚2输出,如图 4.35 所示。

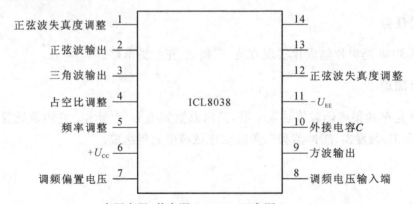

电源电压:单电源10V~30V, 双电源±5V~±15V

图 4.35　ICL8038 管脚功能图

三、设计设备与器件

（1）示波器。
（2）数字万用表。
（3）函数信号发生器。
（4）晶体三极管（9013）、电阻器若干、电容器若干、按键式开关、导线。
（5）焊接实验板。
（6）电烙铁、焊锡丝、若干导线。

四、设计内容

（1）设计电路图，选择元器件。
（2）分模块调试，调整电路，使其处于振荡，产生方波，通过调整电位器使方波的占空比达到 50%。
（3）保持方波的占空比为 50% 不变，用示波器观测 8038 正弦波输出端的波形，调整电位器使正弦波不产生明显的失真。
（4）调试并用示波器观测 8038 三角波。

五、设计总结与思考

（1）撰写设计报告。
（2）实际电路性能测试结果并对测试中出现的主要问题进行分析。
（3）通过课程设计所得到的收获和体会。

实验三　用运算放大器组成万用电表的设计与调试

一、设计任务

（1）设计由运算放大器组成的万用电表。
（2）组装与调试。

二、设计原理

在测量中，电表的接入应不影响被测电路的原工作状态，这就要求电压表应具有无穷大的输入电阻，电流表的内阻应为零。但实际上，万用电表表头的可动线圈总有一定的电阻，例如 $100\ \mu A$ 的表头，其内阻约为 $1\ k\Omega$，用它进行测量时将影响被测量，引起误差。此外，交流电表中的整流二极管的压降和非线性特性也会产生误差。如果在万用电表中使用运算放大器，就能大大降低这些误差，提高测量精度。在欧姆表中采用运算放大器，不仅能得到线性刻度，还能实现自动调零。

1. 直流电压表

图 4.36 为同相端输入，高精度直流电压表电的原理图。

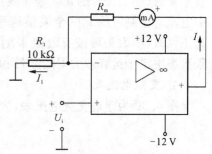

图 4.36　直流电压表

　　为了减小表头参数对测量精度的影响,将表头置于运算放大器的反馈回路中,这时,流经表头的电流与表头的参数无关,只要改变 R_1 一个电阻,就可进行量程的切换。

　　表头电流 I 与被测电压 U_i 的关系为:$I = \dfrac{U_i}{R_1}$

　　应当指出:图 4.36 适用于测量电路与运算放大器共地的有关电路。此外,当被测电压较高时,在运放的输入端应设置衰减器。

　　2. 直流电流表

　　图 4.37 是浮地直流电流表的电原理图。在电流测量中,浮地电流的测量是普遍存在的,例如:若被测电流无接地点,就属于这种情况。为此,应把运算放大器的电源也对地浮动,按此种方式构成的电流表就可像常规电流表那样,串联在任何电流通路中测量电流。

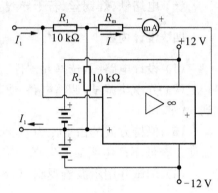

　　表头电流 I 与被测电流 I_1 间关系为:

$$-I_1 R_1 = (I_1 - I)R_2$$

　　整理可得:　　　$I = \left(1 + \dfrac{R_1}{R_2}\right)I_1$

图 4.37　直流电流表

　　可见,改变电阻比 $R_1 : R_2$,可调节流过电流表的电流,以提高灵敏度。如果被测电流较大时,应给电流表表头并联分流电阻。

　　3. 交流电压表

　　由运算放大器、二极管整流桥和直流毫安表组成的交流电压表如图 4.38 所示。被测交流电压 u_i 加到运算放大器的同相端,故有很高的输入阻抗,又因为负反馈能减小反馈回路中的非线性影响,故把二极管桥路和表头置于运算放大器的反馈回路中,以减小二极管本身非线性的影响。

　　表头电流 I 与被测电压 u_i 的关系为:$I = \dfrac{U_i}{R_1}$

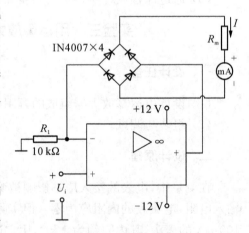

　　电流 I 全部流过桥路,其值仅与 $\dfrac{U_i}{R_1}$ 有关,与桥路和表头参数(如二极管的死区等非线性参数)无关。表头中电流与被测电压 u_i 的全波整流平均值成正比,若 u_i 为正弦波,则表头可按有效值来刻度。被测电压的上限频率决定于运算放大器的频带和上升速率。

图 4.38　交流电压表

　　4. 交流电流表

　　图 4.39 为浮地交流电流表,表头读数由被测交流电流 i 的全波整流平均值 I_{1AV} 决定,即

$$I = \left(1 + \dfrac{R_1}{R_2}\right)I_{1AV}$$

如果被测电流 i 为正弦电流，即 $\quad i_1 = \sqrt{2} I_1 \sin\omega t$

则上式可写为：$\qquad\qquad I = 0.9\left(1 + \dfrac{R_1}{R_2}\right)I_1$

则表头可按有效值来刻度。

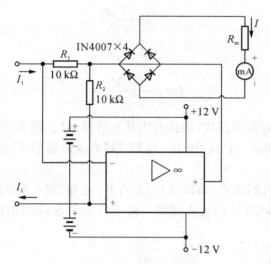

图 4.39　交流电流表

5. 欧姆表

图 4.40 为多量程的欧姆表。

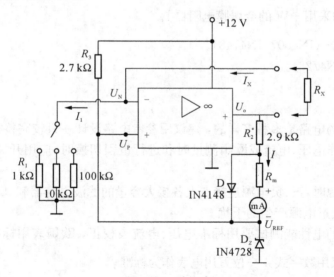

图 4.40　欧姆表

在此电路中，运算放大器改由单电源供电，被测电阻 R_X 跨接在运算放大器的反馈回路中，同相端加基准电压 U_{REF}。

有 $\qquad\qquad\qquad\qquad U_P = U_N = U_{\text{REF}}$

$$I_1 = I_X$$

$$\frac{U_{\text{REF}}}{R_1} = \frac{U_o - U_{\text{REF}}}{R_X}$$

即
$$R_X = \frac{R_1}{U_{\text{REF}}}(U_o - U_{\text{REF}})$$

流经表头的电流为
$$I = \frac{U_o - U_{\text{REF}}}{R_2 + R_m}$$

由上两式消去
$$(U_o - U_{\text{REF}})$$

可得
$$I = \frac{U_{\text{REF}} R_X}{R_1(R_m + R_2)}$$

可见,电流 I 与被测电阻成正比,而且表头具有线性刻度,改变 R_1 值,可改变欧姆表的量程。这种欧姆表能自动调零,当 $R_X = 0$ 时,电路变成电压跟随器,$U_o = U_{\text{REF}}$,故表头电流为零,从而实现了自动调零。

二极管 D 起保护电表的作用,如果没有 D,当 R_X 超量程时,特别是当 $R_X \to \infty$,运算放大器的输出电压将接近电源电压,使表头过载。有了 D 就可使输出钳位,防止表头过载。调整 R_2,可实现满量程调节。

三、设计设备与器件

(1) 表头(灵敏度为 1 mA,内阻为 100 Ω)。

(2) μA741 芯片。

(3) 电阻器$\left(\text{均采用}\dfrac{1}{4}\text{W 的金属膜电阻器}\right)$。

(4) 二极管若干(IN4007、IN4148)。

(5) 稳压管(IN4728)。

四、设计内容

(1) 万用电表的电路是多种多样的,建议用参考电路设计一只较完整的万用电表。

(2) 万用电表作电压、电流或欧姆测量时和进行量程切换时,应用开关切换,但实验时可用引接线切换。

(3) 在连接电源时,正、负电源连接点上各接大容量的滤波电容器和 0.01 μF~0.1 μF 的小电容器,以消除通过电源产生的干扰。

(4) 万用电表的电性能测试要用标准电压、电流表校正,欧姆表用标准电阻校正。考虑实验要求不高,建议用数字式 $4\dfrac{1}{2}$ 位万用电表作为标准表。

五、设计总结与思考

(1) 撰写设计报告,画出完整的万用电表的设计电路原理图。

(2) 将万用电表与标准表作测试比较,计算万用电表各功能档的相对误差,分析误差原因。

(3) 通过课程设计所得到的收获和体会。

第五章　数字电子技术实验

5.1　实验装置介绍

THD-1数字电路实验箱是"数字电子技术基础"课程以及课程设计的基本教学仪器,其主要设置及性能特点如下:

(1) 直流电源:提供±5 V/0.5 A和±15 V/0.5 A的稳压源四路,且均有短路保护和自动恢复功能。

(2) 脉冲信号源:提供正、负输出单次脉冲一组和一组频率1 Hz、1 kHz、20 kHz附近连续可调的方波脉冲源,通过频率细调多圈电位器对输出频率进行细调。

(3) 实验板:母板上设有8P、14P、16P、18P、20P、24P、28P、及40P等可靠的圆脚集成块插座及多根高可靠的镀银长紫铜管,供插电阻、电容、电位器和三极管等。母板上固定器件有继电器、蜂鸣器、多圈电位器、按钮开关以及晶振等。

(4) 三态逻辑测试笔:高电平为红色发光管亮,低电平为绿色发光管亮,高阻态或电平处于不高不低的电平值时黄色发光管亮。

(5) 15位红色LED显示。

(6) 15个拨码开关。

(7) 数字显示:四位七段LED数码管显示,并附BCD码十进制译码电路。

5.2　基础性实验

实验一　TTL集成逻辑门电路参数测定

一、实验目的

(1) 掌握TTL集成门电路逻辑功能和主要参数的测试方法。

(2) 掌握TTL器件的使用规则。

(3) 进一步熟悉数字电路实验装置的结构,基本功能和使用方法。

二、实验原理

1. TTL集成电路

TTL电路以双极型晶体管为开关元件,所以又称双极型集成电路。双极型数字集成电路是利用电子和空穴两种不同极性的载流子进行电传导的器件。它具有速度高(开关速度快)、驱动能力强等优点,但其功耗较大,集成度相对较低。根据应用领域的不同,它分为 54 系列和 74 系列,前者为军品,一般工业设备和消费类电子产品多用后者。74 系列数字集成电路是国际上通用的标准电路。其品种分为六大类:74××(标准)、74S××(肖特基)、74LS××(低功耗肖特基)、74AS××(先进肖特基)、74ALS××(先进低功耗肖特基)、74F××(高速)、其逻辑功能完全相同。

本实验采用四输入双与非门 74LS20,即在一块集成块内含有两个互相独立的与非门,每个与非门有四个输入端。74LS20 逻辑框图及引脚图如图 5.1 所示。

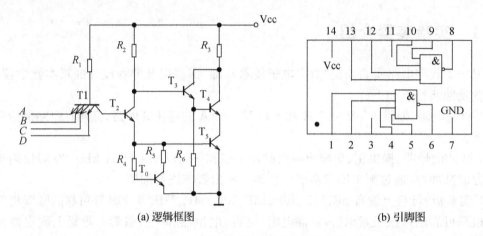

(a) 逻辑框图　　　　　　　　　　　　　　(b) 引脚图

图 5.1　74LS20 逻辑框图及引脚图

2. 与非门的逻辑功能

与非门的逻辑功能是:当输入端中有一个或一个以上是低电平时,输出端为高电平;只有当输入端全部为高电平时,输出端才是低电平(即有"0"得"1",全"1"得"0")。

其逻辑表达式为 $Y=\overline{AB\cdots}$

TTL 与非门的主要参数。

① 低电平输出电源电流 I_{CCL} 和高电平输出电源电流 I_{CCH}。

与非门处于不同的工作状态,电源提供的电流是不同的。I_{CCL} 是指所有输入端悬空,输出端空载时,电源提供器件的电流。I_{CCH} 是指输出端空载,每个门各有一个以上的输入端接地,其余输入端悬空,电源提供给器件的电流。通常 $I_{\text{CCL}} > I_{\text{CCH}}$,它们的大小标志着器件静态功耗的大小。器件的最大功耗为 $P_{\text{CCL}} = V_{\text{CC}} I_{\text{CCL}}$。手册中提供的电源电流和功耗值是指整个器件总的电源电流和总的功耗。I_{CCL} 和 I_{CCH} 测试电路如图 5.2(a)、(b)所示。

注意:TTL 电路对电源电压要求较严,电源电压 V_{CC} 只允许在 +5 V±10% 的范围内工作,超过 5.5 V 将损坏器件;低于 4.5 V 器件的逻辑功能将不正常。

② 低电平输入电流 I_{iL} 和高电平输入电流 I_{iH}。I_{iL} 是指被测输入端接地,其余输入端悬空,输出端空载时,由被测输入端流出的电流值。在多级门电路中,I_{iL} 相当于前级门输出低电平时,后级向前级门灌入的电流,因此它关系到前级门的灌电流负载能力,即直接影响前级门电路带负载的个数,因此希望 I_{iL} 小些。

I_{iH} 是指被测输入端接高电平,其余输入端接地,输出端空载时,流入被测输入端的电流值。在多级门电路中,它相当于前级门输出高电平时,前级门的拉电流负载,其大小关系到前

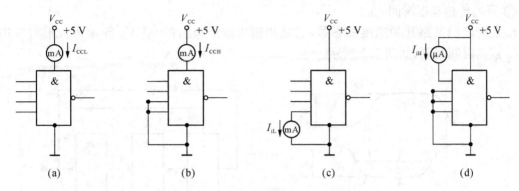

图 5.2　TTL 与非门静态参数测试电路图

级门的拉电流负载能力,希望 I_{iH} 小些。由于 I_{iH} 较小,难以测量,一般免于测试。

I_{iL} 与 I_{iH} 的测试电路如图 5.2(c)、(d)所示。

③ 扇出系数 N_O

扇出系数 N_O 是指门电路能驱动同类门的个数,它是衡量门电路负载能力的一个参数,TTL 与非门有两种不同性质的负载,即灌电流负载和拉电流负载,因此有两种扇出系数,即低电平扇出系数 N_{OL} 和高电平扇出系数 N_{OH}。通常 $I_{iH} < I_{iL}$,则 $N_{OH} > N_{OL}$,故常以 N_{OL} 作为门的扇出系数。

N_{OL} 的测试电路如图 5.3 所示,门的输入端全部悬空,输出端接灌电流负载 R_L,调节 R_L 使 I_{OL} 增大,V_{OL} 随之增高,当 V_{OL} 达到 V_{OLM}(手册中规定低电平规范值 0.4 V)时的 I_{OL} 就是允许灌入的最大负载电流,则

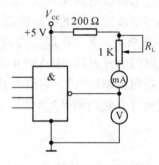

$$N_{OL} = \frac{I_{OL}}{I_{iL}} \quad 通常 N_{OL} \geqslant 8$$

④ 电压传输特性

门的输出电压 v_o 随输入电压 v_i 而变化的曲线 $v_o = f(v_i)$ 称为门的电压传输特性,通过它可读得门电路的一些

图 5.3　扇出系数试测电路

重要参数,如输出高电平 V_{OH}、输出低电平 V_{OL}、关门电平 V_{off}、开门电平 V_{ON}、阈值电平 V_T 及抗干扰容限 V_{NL}、V_{NH} 等值。测试电路如图 5.4 所示,采用逐点测试法,即调节 R_W,逐点测得 v_i 及 v_o,然后绘成曲线。

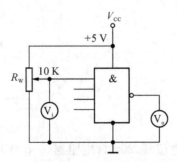

图 5.4　传输特性测试电路

⑤ 平均传输延迟时间 t_{pd}

t_{pd}是衡量门电路开关速度的参数,它是指输出波形边沿的 $0.5V_m$ 至输入波形对应边沿 $0.5V_m$ 点的时间间隔,如图 5.5 所示。

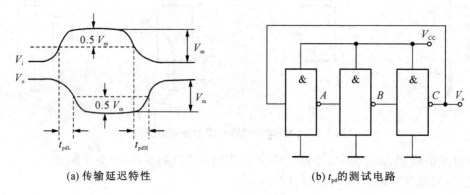

(a) 传输延迟特性　　　　　　　　(b) t_{pd} 的测试电路

图 5.5　t_{pd} 传输延迟特性及测试电路

图 5.5(a)中的 t_{pdL} 为导通延迟时间,t_{pdH} 为截止延迟时间,平均传输延迟时间为

$$t_{pd} = \frac{1}{2}(t_{pdL} + t_{pdH})$$

t_{pd}的测试电路如图 5.5(b)所示,由于 TTL 门电路的延迟时间较小,直接测量时对信号发生器和示波器的性能要求较高,故实验采用测量由奇数个与非门组成的环形振荡器的振荡周期 T 来求得。其工作原理是:假设电路在接通电源后某一瞬间,电路中的 A 点为逻辑"1",经过三级门的延迟后,使 A 点由原来的逻辑"1"变为逻辑"0";再经过三级门的延迟后,A 点电平又重新回到逻辑"1"。电路中其他各点电平也跟随变化。说明使 A 点发生一个周期的振荡,必须经过 6 级门的延迟时间。因此平均传输延迟时间为:

$$t_{pd} = \frac{T}{6}$$

TTL 电路的 t_{pd}一般在 $10nS \sim 40nS$ 之间。

三、实验仪器与设备

(1) +5V 直流电源。

(2) 逻辑电平开关。

(3) 逻辑电平显示器。

(4) 直流数字电压表。

(5) 直流毫安表。

(6) 直流微安表。

(7) 双踪示波器。

(8) 连续脉冲源。

(9) 74LS20×2、1 K、10 K 电位器,200 Ω 电阻器(0.5 W)。

四、实验内容与步骤

1. 验证 TTL 集成与非门的逻辑功能

取一个 74LS20 集成块,按图 5.6 接线,门的四个输入端接逻辑开关输出插口,以提供"0"与"1"电平信号,开关向上,输出逻辑"1",向下为逻辑"0"。门的输出端接由 LED 发光二极管组成的逻辑电平显示器(又称 0～1 指示器)的显示插口,LED 亮为逻辑"1",不亮为逻辑"0"。按表 5.1 的真值表逐个测试集成块中两个与非门的逻辑功能。74LS20 有 4 个输入端,有 16 个最小项,在实际测试时,只要通过对输入 1111、0111、1011、1101、1110 五项进行检测就可判断其逻辑功能是否正常。

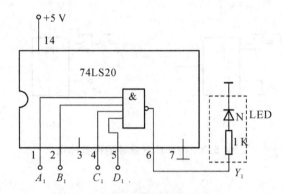

图 5.6　与非门逻辑功能的测试电路

表 5.1　与非门逻辑功能表

输　　　入				输　　出	
A_n	B_n	C_n	D_n	Y_1	Y_2
1	1	1	1		
0	1	1	1		
1	0	1	1		
1	1	0	1		
1	1	1	0		

2. 主要参数的测试

(1)分别按图 5.2、5.3、5.5(b)接线并进行测试,将测试结果记入表 5.2 中。

表 5.2　主要参数测试结果

I_{CCL}(mA)	I_{CCH}(mA)	I_{iL}(mA)	I_{oL}(mA)	$N_O = \dfrac{I_{oL}}{I_{iL}}$	$t_{pd} = \dfrac{T}{6}$(ns)

(2)接图 5.4 接线,调节电位器 R_W,使 v_i 从 0 V 向高电平变化,逐点测量 v_i 和 v_o 的对应值,记入表 5.3 中。

表 5.3　电压传输特性结果

$V_i(V)$	0	0.2	0.4	0.6	0.8	1.0	1.5	2.0	2.5	3.0	3.5	4.0	...
$V_o(V)$													

3. 观察与非门、与门、或非门对脉冲的控制作用

选用与非门按图 5.7(a)、(b)接线,将一个输入端接连续脉冲源(频率为 20 kHz),用示波器观察两种电路的输出波形,记录之。

然后测定"与门"和"或非门"对连续脉冲的控制作用。

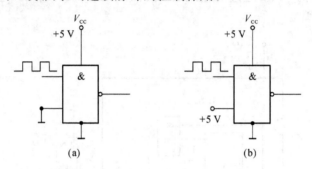

图 5.7　与非门对脉冲的控制作用

五、实验注意事项

数字电路实验中所用到的集成芯片都是双列直插式的,其引脚排列识别方法是:正对集成电路型号(如 74LS20)或看标记(左边的缺口或小圆点标记),从左下角开始按逆时针方向以 1,2,3,…依次排列到最后一脚(在左上角)。在标准形 TTL 集成电路中,电源端 V_{CC} 一般排在左上端,接地端 GND 一般排在右下端。如 74LS20 为 14 脚芯片,14 脚为 V_{CC},7 脚为 GND。若集成芯片引脚上的功能标号为 NC,则表示该引脚为空脚,与内部电路不连接。

TTL 集成电路使用规则:

(1) 接插集成块时,要认清定位标记,不得插反。

(2) 电源电压使用范围为+4.5 V～+5.5 V 之间,实验中要求使用 V_{CC}=+5 V。电源极性绝对不允许接错。

(3) 闲置输入端处理方法有:

① 悬空,相当于正逻辑"1",对于一般小规模集成电路的数据输入端,实验时允许悬空处理。但易受外界干扰,导致电路的逻辑功能不正常。因此,对于接有长线的输入端,中规模以上的集成电路和使用集成电路较多的复杂电路,所有控制输入端必须按逻辑要求接入电路,不允许悬空。

② 直接接电源电压 V_{CC}(也可以串入一只 1～10 kΩ 的固定电阻)或接至某一固定电压(+2.4≤V≤4.5 V)的电源上,或与输入端为接地的多余与非门的输出端相接。

③ 若前级驱动能力允许,可以与使用的输入端并联。

(4) 输入端通过电阻接地,电阻值的大小将直接影响电路所处的状态。当 R≤680 Ω 时,输入端相当于逻辑"0";当 R≥4.7 kΩ 时,输入端相当于逻辑"1"。对于不同系列的器件,要求的阻值不同。

(5) 输出端不允许并联使用[集电极开路门(OC)和三态输出门电路(3S)除外]。否则不

仅会使电路逻辑功能混乱,并会导致器件损坏。

(6) 输出端不允许直接接地或直接接+5 V 电源,否则将损坏器件,有时为了使后级电路获得较高的输出电平,允许输出端通过电阻 R 接至 V_{CC},一般取 $R=3\sim5.1$ kΩ。

六、思考题

(1) TTL 集成电路与 CMOS 集成电路分别有哪些特点?

(2) 扇出系数指的是什么?

(3) 什么是集成门电路平均传输延迟时间。

七、实验报告要求

(1) 记录、整理实验结果,并对结果进行分析。

(2) 画出实测的电压传输特性曲线以及各门电路对脉冲的控制输出波形,并从中读出各有关参数值。

(3) 回答思考题。

实验二 CMOS 集成逻辑门的逻辑功能与参数测试

一、实验目的

(1) 掌握 CMOS 集成门电路的逻辑功能和器件的使用规则。

(2) 学会 CMOS 集成门电路主要参数的测试方法。

二、实验原理

(1) CMOS 集成电路是将 N 沟道 MOS 晶体管和 P 沟道 MOS 晶体管同时用于一个集成电路中,成为组合二种沟道 MOS 管性能的更优良的集成电路。CMOS 集成电路的主要优点是:

① 功耗低,其静态工作电流在 10^{-9} A 数量级,是目前所有数字集成电路中最低的,而 TTL 器件的功耗则大得多。

② 高输入阻抗,通常大于 10^{10} Ω,远高于 TTL 器件的输入阻抗。

③ 接近理想的传输特性,输出高电平可达电源电压的 99.9% 以上,低电平可达电源电压的 0.1% 以下,因此输出逻辑电平的摆幅很大,噪声容限很高。

④ 电源电压范围广,可在+3 V~+18 V 范围内正常运行。

⑤ 由于有很高的输入阻抗,要求驱动电流很小,约 0.1 μA,输出电流在+5 V 电源下约为 500 μA,远小于 TTL 电路,如以此电流来驱动同类门电路,其扇出系数将非常大。在一般低频率时,无需考虑扇出系数,但在高频时,后级门的输入电容将成为主要负载,使其扇出能力下降,所以在较高频率工作时,CMOS 电路的扇出系数一般取 10~20。

(2) CMOS 门电路逻辑功能。

尽管 CMOS 与 TTL 电路内部结构不同,但它们的逻辑功能完全一样。本实验将以与非门 CC4011 为例进行测试。其他各集成块的逻辑功能与真值表参阅教材及有关资料。CC4011 引脚图如图 5.8 所示。

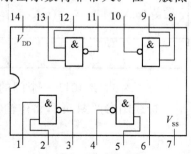

图 5.8 CC4011 引脚图

（3）CMOS 与非门的主要参数。

CMOS 与非门主要参数的定义及测试方法与 TTL 电路相仿，从略。

（4）CMOS 电路的使用规则。

由于 CMOS 电路有很高的输入阻抗，这给使用者带来一定的麻烦，即外来的干扰信号很容易在一些悬空的输入端上感应出很高的电压，以至损坏器件。CMOS 电路的使用规则如下：

① V_{DD} 接电源正极，V_{SS} 接电源负极（通常接地⊥），不得接反。CC4000 系列的电源允许电压在 $+3\sim+18$ V 范围内选择，实验中一般要求使用 $+5\sim+15$ V。

② 所有输入端一律不准悬空。

闲置输入端的处理方法：a) 按照逻辑要求，直接接 V_{DD}（与非门）或 V_{SS}（或非门）。b) 在工作频率不高的电路中，允许输入端并联使用。

③ 输出端不允许直接与 V_{DD} 或 V_{SS} 连接，否则将导致器件损坏。

④ 在装接电路，改变电路连接或插、拔电路时，均应切断电源，严禁带电操作。

⑤ 焊接、测试和储存时的注意事项：

（a）电路应存放在导电的容器内，有良好的静电屏蔽；

（b）焊接时必须切断电源，电烙铁外壳必须良好接地，或拔下烙铁，靠其余热焊接；

（c）所有的测试仪器必须良好接地。

三、实验设备与器件

1. $+5$ V 直流电源　　　　　　　　　2. 双踪示波器

3. 连续脉冲源　　　　　　　　　　　4. 逻辑电平开关

5. 逻辑电平显示器　　　　　　　　　6. 直流数字电压表

7. 直流毫安表　　　　　　　　　　　8. 直流微安表

9. CC4011、电位器 100 K、电阻 1 K

四、实验内容

1. CMOS 与非门 CC4011 参数测试（方法与 TTL 电路相同）

（1）参照图 5.2、5.3、5.5(b)接线测试 CC4011 一个门的 I_{CCL}，I_{CCH}，I_{iL}，I_{iH}，而后将 CC4011 的三个门串接成振荡器，用示波器观测输入、输出波形，并计算出 t_{pd} 值。将测试结果记入表5.4中。

表 5.4　主要参数测试结果

I_{CCL}(mA)	I_{CCH}(mA)	I_{iL}(mA)	I_{oL}(mA)	$N_O = \dfrac{I_{oL}}{I_{iL}}$	$t_{pd} = \dfrac{T}{6}$(ns)

（2）测试 CC4011 一个门的传输特性（一个输入端作信号输入，另一个输入端接逻辑高电平），接线图参照图 5.4，将传输特性测试结果记入表 5.5 中。

表 5.5　电压传输特性结果

$V_i(V)$	0	0.2	0.4	0.6	0.8	1.0	1.5	2.0	2.5	3.0	3.5	4.0	...
$V_o(V)$													

2. 验证 CC4011 的逻辑功能,判断其好坏

验证与非门 CC4011 的逻辑功能,其引脚见图 5.8。

测试时,选好某一个 14P 插座,插入被测器件,其输入端 A、B 接逻辑开关的输出插口,其输出端 Y 接至逻辑电平显示器输入插口,拨动逻辑电平开关,逐个测试各门的逻辑功能,并记入表 5.6 中。

表 5.6　CC4011 逻辑功能表

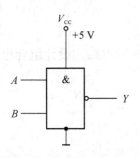

输入		输出		
A	B	Y_1	Y_2	Y_3
0	0			
0	1			
1	0			
1	1			

图 5.9　与非门逻辑功能测试

3. 观察与非门、与门、或非门对脉冲的控制作用

选用与非门按图 5.10(a)、(b)接线,将一个输入端接连续脉冲源(频率为 20 kHz),用示波器观察两种电路的输出波形,记录之。

然后测定"与门"和"或非门"对连续脉冲的控制作用。

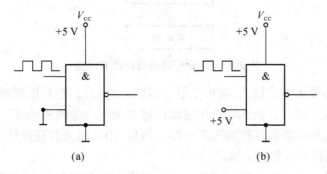

(a) 　　　　　　　　(b)

图 5.10　与非门对脉冲的控制作用

五、预习要求

(1) 复习 CMOS 门电路的工作原理。

(2) 熟悉实验用各集成门引脚功能。

(3) 画出各实验内容的测试电路与数据记录表格。

(4) 画好实验用各门电路的真值表表格。

(5) 各 CMOS 门电路闲置输入端如何处理?

六、实验报告

1. 整理实验结果,用坐标纸画出传输特性曲线。
2. 根据实验结果,写出各门电路的逻辑表达式,并判断被测电路的功能好坏。

实验三　组合电路设计与测试

一、实验目的

(1) 掌握组合逻辑电路的设计与测试方法。
(2) 进一步熟悉数字电路实验装置的结构,基本功能和使用方法。

二、实验原理

(1) 使用中、小规模集成电路来设计组合电路是最常见的逻辑电路。设计组合电路的一般步骤如图 5.11 所示。

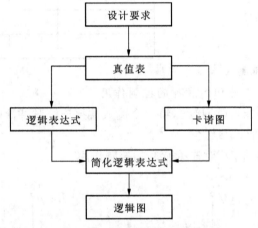

图 5.11　组合逻辑电路设计流程图

　　根据设计任务的要求建立输入、输出变量,并列出真值表。然后用逻辑代数或卡诺图化简法求出简化的逻辑表达式。并按实际选用逻辑门的类型修改逻辑表达式。根据简化后的逻辑表达式,画出逻辑图,用标准器件构成逻辑电路。最后,用实验来验证设计的正确性。

　　(2) 组合逻辑电路设计举例。

　　用"与非"门设计一个表决电路。当四个输入端中有三个或四个为"1"时,输出端才为"1"。

　　设计步骤:根据题意列出真值表如表 5.7 所示,再填入卡诺图表 5.8 中。

表 5.7　真值表

D	0	0	0	0	0	0	0	0	1	1	1	1	1	1	1	1
A	0	0	0	0	1	1	1	1	0	0	0	0	1	1	1	1
B	0	0	1	1	0	0	1	1	0	0	1	1	0	0	1	1
C	0	1	0	1	0	1	0	1	0	1	0	1	0	1	0	1
Z	0	0	0	0	0	0	0	1	0	0	0	1	0	1	1	1

表 5.8　卡诺图

BC \ DA	00	01	11	10
00				
01			1	
11		1	1	1
10			1	

由卡诺图得出逻辑表达式,并演化成"与非"的形式

$$Z=ABC+BCD+ACD+ABD=\overline{\overline{ABC}\cdot\overline{BCD}\cdot\overline{ACD}\cdot\overline{ABD}}$$

根据逻辑表达式画出用"与非门"构成的逻辑电路如图 5.12 所示。

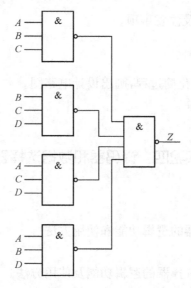

图 5.12　表决电路逻辑图

用实验验证逻辑功能

在实验装置适当位置选定三个 14P 插座,按照集成块定位标记插好集成块 74LS20。

按图 5.12 接线,输入端 A、B、C、D 接至逻辑开关输出插口,输出端 Z 接逻辑电平显示输入插口,按真值表(自拟)要求,逐次改变输入变量,测量相应的输出值,验证逻辑功能,与表 5.7 进行比较,验证所设计的逻辑电路是否符合要求。

三、实验仪器与设备

(1) +5 V 直流电源。

(2) 逻辑电平开关。

(3) 逻辑电平显示器。

(4) 直流数字电压表。

(5) CC4011×2(74LS00)　　　　CC4012×3(74LS20)　　　　CC4030(74LS86)
CC4081(74LS08)　　　　　　74LS54×2(CC4085)　　　　CC4001 (74LS02)。

四、实验内容与步骤

(1) 设计一半加器电路,要求用与非门及用异或门、与门组成。
(2) 设计一位全加器,要求用与或非门实现。
要求均按本文所述的设计步骤进行,直到测试电路逻辑功能符合设计要求为止。

五、实验注意事项

(1) 在进行集成块安插时注意将集成块正确接插。
(2) 设计电路前要验证所用集成电路的逻辑功能。

六、思考题

组合逻辑电路的设计步骤及注意事项。

七、实验报告要求

(1) 要求记录设计真值表,化简过程,画出设计电路图。
(2) 记录逻辑功能验证结果。
(3) 回答思考题。

实验四　译码器和数据选择器

一、实验目的

(1) 掌握中规模集成译码器的逻辑功能和使用方法。
(2) 熟悉数码管的使用。
(3) 掌握中规模集成数据选择器的逻辑功能及使用方法。
(4) 学习用数据选择器构成组合逻辑电路的方法。

二、实验原理

1. 译码器

译码器是一个多输入、多输出的组合逻辑电路。它的作用是把给定的代码进行"翻译",变成相应的状态,使输出通道中相应的一路有信号输出。译码器在数字系统中有广泛的用途,不仅用于代码的转换、终端的数字显示,还用于数据分配、存贮器寻址和组合控制信号等。不同的功能可选用不同种类的译码器。

译码器可分为通用译码器和显示译码器两大类。前者又分为变量译码器和代码变换译码器。

(1) 变量译码器(又称二进制译码器)。

用以表示输入变量的状态,如2线-4线、3线-8线和4线-16线译码器。若有 n 个输入变量,则有 2^n 个不同的组合状态,就有 2^n 个输出端供其使用。而每一个输出所代表的函数对

应于 n 个输入变量的最小项。

以 3 线-8 线译码器 74LS138 为例进行分析,图 5.13(a)、(b)分别为其逻辑图及引脚排列。其中 A_2、A_1、A_0 为地址输入端,$\overline{Y}_0 \sim \overline{Y}_7$ 为译码输出端,S_1、$\overline{S}_2$、$\overline{S}_3$ 为使能端。译码器 74LS138 功能表如表 5.9。

当 $S_1=1$,$\overline{S}_2+\overline{S}_3=0$ 时,器件使能,地址码所指定的输出端有信号(为 0)输出,其他所有输出端均无信号(全为 1)输出。当 $S_1=0$,$\overline{S}_2+\overline{S}_3=X$ 时,或 $S_1=X$,$\overline{S}_2+\overline{S}_3=1$ 时,译码器被禁止,所有输出同时为 1。

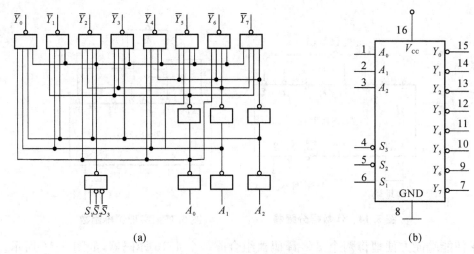

(a) (b)

图 5.13 3-8 线译码器 74LS138 逻辑图及引脚排列

表 5.9 74LS138 功能表

输　入					输　出							
S_1	$\overline{S}_2+\overline{S}_3$	A_2	A_1	A_0	$\overline{Y}_0$	$\overline{Y}_1$	$\overline{Y}_2$	$\overline{Y}_3$	$\overline{Y}_4$	$\overline{Y}_5$	$\overline{Y}_6$	$\overline{Y}_7$
1	0	0	0	0	0	1	1	1	1	1	1	1
1	0	0	0	1	1	0	1	1	1	1	1	1
1	0	0	1	0	1	1	0	1	1	1	1	1
1	0	0	1	1	1	1	1	0	1	1	1	1
1	0	1	0	0	1	1	1	1	0	1	1	1
1	0	1	0	1	1	1	1	1	1	0	1	1
1	0	1	1	0	1	1	1	1	1	1	0	1
1	0	1	1	1	1	1	1	1	1	1	1	0
0	$\times$	$\times$	$\times$	$\times$	1	1	1	1	1	1	1	1
$\times$	1	$\times$	$\times$	$\times$	1	1	1	1	1	1	1	1

二进制译码器实际上也是负脉冲输出的脉冲分配器。若利用使能端中的一个输入端输入数据信息,器件就成为一个数据分配器(又称多路分配器),如图 5.14 所示。若在 S_1 输入端输

入数据信息，$\overline{S}_2=\overline{S}_3=0$，地址码所对应的输出是 S_1 数据信息的反码；若从 $\overline{S}_2$ 端输入数据信息，令 $S_1=1$、$\overline{S}_3=0$，地址码所对应的输出就是 $\overline{S}_2$ 端数据信息的原码。若数据信息是时钟脉冲，则数据分配器便成为时钟脉冲分配器。

根据输入地址的不同组合译出唯一地址，故可用作地址译码器。接成多路分配器，可将一个信号源的数据信息传输到不同的地点。

二进制译码器还能方便地实现逻辑函数，如图 5.15 所示，实现的逻辑函数是 $Z=\overline{A}\,\overline{B}C+\overline{A}B\overline{C}+A\,\overline{B}\,\overline{C}+ABC$

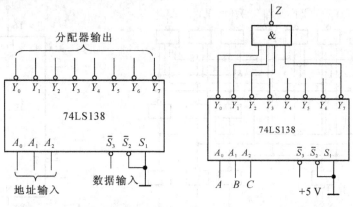

图 5.14　作数据分配器　　　　　　图 5.15　实现逻辑函数

利用使能端能方便地将两个 3/8 译码器组合成一个 4/16 译码器，如图 5.16 所示。

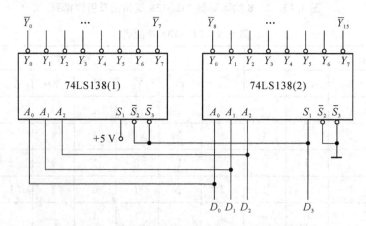

图 5.16　用两片 74LS138 组合成 4/16 译码器

(2) 数码显示译码器。

① 七段发光二极管(LED)数码管

LED 数码管是目前最常用的数字显示器，图 5.17(a)、(b)为共阴管和共阳管的电路。

一个 LED 数码管可用来显示一位 0~9 十进制数和一个小数点。小型数码管(0.5 寸和 0.36 寸)每段发光二极管的正向压降，随显示光(通常为红、绿、黄、橙色)的颜色不同略有差别，通常约为 2~2.5 V，每个发光二极管的点亮电流在 5~10 mA。LED 数码管要显示 BCD 码所表示的十进制数字就需要有一个专门的译码器，该译码器不但要完成译码功能，还要有相当的驱动能力。

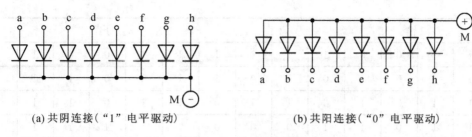

(a)共阴连接("1"电平驱动)　　　　　(b)共阳连接("0"电平驱动)

图 5.17　LED 数码管

② BCD 码七段译码驱动器

此类译码器型号有 74LS47(共阳),74LS48(共阴),CC4511(共阴)等,本实验系统采用 CC4511 BCD 码锁存/七段译码/驱动器。驱动共阴极 LED 数码管。

图 5.18 为 CC4511 引脚排列。

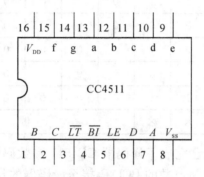

图 5.18　CC4511 引脚排列

其中 A、B、C、D 为 BCD 码输入端,a、b、c、d、e、f、g 为译码输出端,输出"1"有效,用来驱动共阴极 LED 数码管。

$\overline{LT}$—测试输入端,$\overline{LT}$="0"时,译码输出全为"1"。

$\overline{BI}$—消隐输入端,$\overline{BI}$="0"时,译码输出全为"0"。

LE—锁定端,LE="1"时译码器处于锁定(保持)状态,译码输出保持在 LE=0 时的数值,LE=0 为正常译码。

CC4511 其功能表如表 5.10 所示。

表 5.10　CC4511 功能表

输　入							输　出							
LE	$\overline{BI}$	$\overline{LT}$	D	C	B	A	a	b	c	d	e	f	g	显示字形
×	×	0	×	×	×	×	1	1	1	1	1	1	1	8
×	0	1	×	×	×	×	0	0	0	0	0	0	0	消隐
0	1	1	0	0	0	0	1	1	1	1	1	1	0	0
0	1	1	0	0	0	1	0	1	1	0	0	0	0	1
0	1	1	0	0	1	0	1	1	0	1	1	0	1	2

续表

输 入							输 出							
0	1	1	0	0	1	1	1	1	1	1	0	0	1	3
0	1	1	0	1	0	0	0	1	1	0	0	1	1	4
0	1	1	0	1	0	1	1	0	1	1	0	1	1	5
0	1	1	0	1	1	0	0	0	1	1	1	1	1	6
0	1	1	0	1	1	1	1	1	1	0	0	0	0	7
0	1	1	1	0	0	0	1	1	1	1	1	1	1	8
0	1	1	1	0	0	1	1	1	1	0	0	1	1	9
0	1	1	1	0	1	0	0	0	0	0	0	0	0	消隐
0	1	1	1	0	1	1	0	0	0	0	0	0	0	消隐
0	1	1	1	1	0	0	0	0	0	0	0	0	0	消隐
0	1	1	1	1	0	1	0	0	0	0	0	0	0	消隐
0	1	1	1	1	1	0	0	0	0	0	0	0	0	消隐
0	1	1	1	1	1	1	0	0	0	0	0	0	0	消隐
1	1	1	×	×	×	×	锁 存							锁存

在本数字电路实验装置上已完成了译码器 CC4511 和数码管 BS202 之间的连接。实验时，只要接通 +5 V 电源和将十进制数的 BCD 码接至译码器的相应输入端 A、B、C、D 即可显示 0～9 的数字。四位数码管可接受四组 BCD 码输入。CC4511 与 LED 数码管的连接如图 5.19 所示。

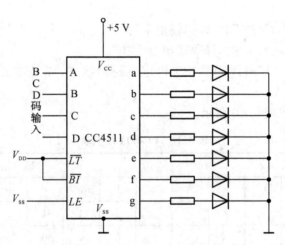

图 5.19　CC4511 驱动一位 LED 数码管

2. 数据选择器

数据选择器又叫"多路开关"。数据选择器在地址码(或叫选择控制)电位的控制下，从几个数据输入中选择一个并将其送到一个公共的输出端。数据选择器的功能类似一个多掷开关，如图 5.20 所示，图中有四路数据 $D_0 \sim D_3$，通过选择控制信号 A_1、A_0(地址码)从四路数据中选中某一路数据送至输出端 Q。

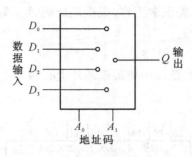

图 5. 20 4 选 1 数据选择器示意图

数据选择器为目前逻辑设计中应用十分广泛的逻辑部件,它有 2 选 1、4 选 1、8 选 1、16 选 1 等类别。

(1) 8 选 1 数据选择器 74LS151。

74LS151 为互补输出的 8 选 1 数据选择器,引脚排列如图 5.21,功能如表 5.11。

选择控制端(地址端)为 $A_2 \sim A_0$,按二进制译码,从 8 个输入数据 $D_0 \sim D_7$ 中,选择一个需要的数据送到输出端 Q,$\overline{S}$ 为使能端,低电平有效。

图 5. 21 74LS151 引脚排列

表 5. 11 74LS151 功能表

输 入				输 出	
$\overline{S}$	A_2	A_1	A_0	Q	$\overline{Q}$
1	×	×	×	0	1
0	0	0	0	D_0	$\overline{D_0}$
0	0	0	1	D_1	$\overline{D_1}$
0	0	1	0	D_2	$\overline{D_2}$
0	0	1	1	D_3	$\overline{D_3}$
0	1	0	0	D_4	$\overline{D_4}$
0	1	0	1	D_5	$\overline{D_5}$
0	1	1	0	D_6	$\overline{D_6}$
0	1	1	1	D_7	$\overline{D_7}$

① 使能端 $\overline{S}=1$ 时,不论 $A_2\sim A_0$ 状态如何,均无输出($Q=0,\overline{Q}=1$),多路开关被禁止。

② 使能端 $\overline{S}=0$ 时,多路开关正常工作,根据地址码 A_2、A_1、A_0 的状态选择 $D_0\sim D_7$ 中某一个通道的数据输送到输出端 Q。

(2) 双 4 选 1 数据选择器 74LS153。

所谓双 4 选 1 数据选择器就是在一块集成芯片上有两个 4 选 1 数据选择器。引脚排列如图 5.22,功能如表 5.12。

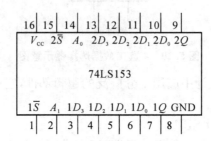

图 5.22　74LS153 引脚功能

表 5.12　74LS153 功能表

输　入			输　出
$\overline{S}$	A_1	A_0	Q
1	×	×	0
0	0	0	D_0
0	0	1	D_1
0	1	0	D_2
0	1	1	D_3

$1\overline{S}$、$2\overline{S}$ 为两个独立的使能端;A_1、A_0 为公用的地址输入端;$1D_0\sim 1D_3$ 和 $2D_0\sim 2D_3$ 分别为两个 4 选 1 数据选择器的数据输入端;Q_1、Q_2 为两个输出端。

① 当使能端 $1\overline{S}(2\overline{S})=1$ 时,多路开关被禁止,无输出,$Q_1(Q_2)=0$。

② 当使能端 $1\overline{S}(2\overline{S})=0$ 时,多路开关正常工作,根据地址码 A_1、A_0 的状态,将相应的数据 $D_0\sim D_3$ 送到输出端 Q。

(3) 数据选择器的应用——实现逻辑函数。

例 1:用 8 选 1 数据选择器 74LS151 实现函数 $F=\overline{A}B+\overline{A}C+\overline{BC}$,如采用 8 选 1 数据选择器 74LS151 可实现任意三输入变量的组合逻辑函数。

作出函数 F 的功能表,如表 5.13 所示,将函数 F 功能表与 8 选 1 数据选择器的功能表相比较,可知(1)将输入变量 C、B、A 作为 8 选 1 数据选择器的地址码 A_2、A_1、A_0。

(4) 使 8 选 1 数据选择器的各数据输入 $D_0\sim D_7$ 分别与函数 F 的输出值一一相对应。

表 5. 13

输　入			输　出
C	B	A	F
0	0	0	0
0	0	1	1
0	1	0	1
0	1	1	1
1	0	0	1
1	0	1	1
1	1	0	1
1	1	1	0

即：$A_2A_1A_0=CBA, D_0=D_7=0, D_1=D_2=D_3=D_4=D_5=D_6=1$，则 8 选 1 数据选择器的输出 Q 便实现了函数 $F=\overline{AB}+\overline{AC}+\overline{BC}$。

接线图如图 5.23 所示。

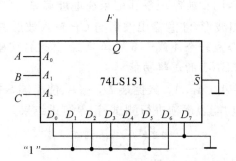

图 5. 23　用 8 选 1 数据选择器实现 $F=\overline{AB}+\overline{AC}+\overline{BC}$

显然，采用具有 n 个地址端的数据选择实现 n 变量的逻辑函数时，应将函数的输入变量加到数据选择器的地址端（A），选择器的数据输入端（D）按次序以函数 F 输出值来赋值。

如果当函数输入变量大于数据选择器地址端（A）时，可能随着选用函数输入变量作地址的方案不同，而使其设计结果不同，需对几种方案比较，以获得最佳方案。

三、实验仪器与设备

（1）+5 V 直流电源。

（2）双踪示波器。

（3）连续脉冲源。

（4）逻辑电平开关。

（5）逻辑电平显示器。

（6）拨码开关组。

（7）译码显示器。

（8）74LS138×2　CC4511。

（9）74LS151（或 CC4512）　74LS153（或 CC4539）。

四、实验内容与步骤

1. 数据拨码开关的使用

将实验装置上的四组拨码开关的输出 A_i、B_i、C_i、D_i 分别接至 4 组显示译码/驱动器 CC4511 的对应输入口，LE、$\overline{BI}$、$\overline{LT}$ 接至三个逻辑开关的输出插口，接上＋5 V 显示器的电源，然后按功能表 5.10 输入的要求揿动四个数码的增减键（"＋"与"－"键）和操作与 LE、$\overline{BI}$、$\overline{LT}$ 对应的三个逻辑开关，观测拨码盘上的四位数与 LED 数码管显示的对应数字是否一致，及译码显示是否正常。

2. 74LS138 译码器逻辑功能测试

将译码器使能端 S_1、$\overline{S}_2$、$\overline{S}_3$ 及地址端 A_2、A_1、A_0 分别接至逻辑电平开关输出口，八个输出端 $\overline{Y}_7\cdots\overline{Y}_0$ 依次连接在逻辑电平显示器的八个输入口上，拨动逻辑电平开关，按表 5.9 逐项测试 74LS138 的逻辑功能。

3. 用 74LS138 构成时序脉冲分配器

参照图 5.10 和实验原理说明，时钟脉冲 CP 频率约为 10 kHz，要求分配器输出端 $\overline{Y}_7\cdots\overline{Y}_0$ 的信号与 CP 输入信号同相。

画出分配器的实验电路，用示波器观察和记录在地址端 A_2、A_1、A_0 分别取 000～111 八种不同状态时 $\overline{Y}_7\cdots\overline{Y}_0$ 端的输出波形，注意输出波形与 CP 输入波形之间的相位关系。

4. 用两片 74LS138 组合成一个 4 线-16 线译码器，并进行实验

5. 测试数据选择器 74LS151 的逻辑功能

接图 5.20 接线，地址端 A_2、A_1、A_0、数据端 $D_0\sim D_7$、使能端 $\overline{S}$ 接逻辑开关，输出端 Q 接逻辑电平显示器，按 74LS151 功能表逐项进行测试，记录测试结果。

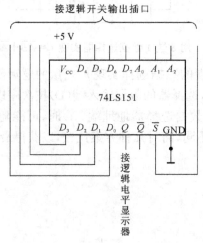

图 5.24　74LS151 逻辑功能测试

6. 测试 74LS153 的逻辑功能

测试方法及步骤同上，记录之。

7. 用 8 选 1 数据选择器 74LS151 设计三输入多数表决电路

（1）写出设计过程。

（2）画出接线图。

（3）验证逻辑功能。

8. 用双 4 选 1 数据选择器 74LS153 实现全加器

（1）写出设计过程。

（2）画出接线图。

（3）验证逻辑功能。

五、实验注意事项

（1）在进行集成块安插时注意将集成块正确接插。

（2）设计电路前要验证所用集成电路的逻辑功能。

六、思考题

（1）用 74LS138 配合逻辑门实现函数 $F=\overline{AB}+AB+\overline{B}C$

（2）用数据选择器 74LS153 实现函数 $F=\overline{A}BC+A\overline{B}C+AB\overline{C}+ABC$

七、实验报告要求

（1）要求记录设计过程，画出设计电路图。

（2）记录逻辑功能验证结果。

（3）回答思考题。

实验五　触发器

一、实验目的

（1）掌握基本 RS、JK、D 和 T 触发器的逻辑功能。

（2）掌握集成触发器的逻辑功能及使用方法。

（3）熟悉触发器之间相互转换的方法。

二、实验原理

触发器具有两个稳定状态，用以表示逻辑状态"1"和"0"，在一定的外界信号作用下，可以从一个稳定状态翻转到另一个稳定状态，它是一个具有记忆功能的二进制信息存贮器件，是构成各种时序电路的最基本逻辑单元。

1. 基本 RS 触发器

图 5.25 为由两个与非门交叉耦合构成的基本 RS 触发器，它是无时钟控制低电平直接触发的触发器。基本 RS 触发器具有置"0"、置"1"和"保持"三种功能。通常称 $\overline{S}$ 为置"1"端，因为 $\overline{S}=0(\overline{R}=1)$ 时触发器被置"1"；$\overline{R}$ 为置"0"端，因为 $\overline{R}=0(\overline{S}=1)$ 时触发器被置"0"，当 $\overline{S}=\overline{R}=1$ 时状态保持；$\overline{S}=\overline{R}=0$ 时，触发器状态不定，应避免此种情况发生，表 5.14 为基本 RS 触发器的功能表。

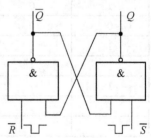

图 5.25　基本 RS 触发器

基本 RS 触发器。也可以用两个"或非门"组成，此时为高电平触发有效。

表 5.14　基本 RS 触发器功能表

输　　入		输　　出	
$\overline{S}$	$\overline{R}$	Q^{n+1}	$\overline{Q}^{n+1}$
0	1	1	0
1	0	0	1
1	1	Q^n	$\overline{Q}^n$
0	0	φ	φ

2. JK 触发器

在输入信号为双端的情况下,JK 触发器是功能完善、使用灵活和通用性较强的一种触发器。本实验采用 74LS112 双 JK 触发器,是下降边沿触发的边沿触发器。触发器引脚排列如图 5.26 所示。JK 触发器的状态方程为 $Q^{n+1}=J\overline{Q}^n+\overline{K}Q^n$

J 和 K 是数据输入端,是触发器状态更新的依据,若 J、K 有两个或两个以上输入端时,组成"与"的关系。Q 与 $\overline{Q}$ 为两个互补输出端。通常把 $Q=0$、$\overline{Q}=1$ 的状态定为触发器"0"状态;而把 $Q=1$、$\overline{Q}=0$ 定为"1"状态。

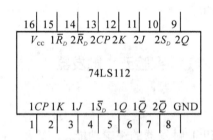

图 5.26　74LS112 双 JK 触发器引脚排列图

下降沿触发 JK 触发器的功能如表 5.15

表 5.15　下降沿触发 JK 触发器的功能表

输　　入					输　　出	
$\overline{S}_D$	$\overline{R}_D$	CP	J	K	Q^{n+1}	$\overline{Q}^{n+1}$
0	1	×	×	×	1	0
1	0	×	×	×	0	1
0	0	×	×	×	φ	φ
1	1	↓	0	0	Q^n	$\overline{Q}^n$
1	1	↓	1	0	1	0
1	1	↓	0	1	0	1
1	1	↓	1	1	$\overline{Q}^n$	Q^n
1	1	↑	×	×	Q^n	$\overline{Q}^n$

注:×——任意态　　　↓——高到低电平跳变　　　↑——低到高电平跳变

　　$Q^n(\overline{Q}^n)$——现态　　　$Q^{n+1}(\overline{Q}^{n+1})$——次态　　　φ——不定态

JK 触发器常被用作缓冲存储器,移位寄存器和计数器。

3. D 触发器

在输入信号为单端的情况下,D 触发器用起来最为方便,其状态方程为 $Q^{n+1}=D^n$,其输出状态的更新发生在 CP 脉冲的上升沿,故又称为上升沿触发的边沿触发器,触发器的状态只取决于时钟到来前 D 端的状态,D 触发器的应用很广,可用作数字信号的寄存,移位寄存,分频和波形发生等。有很多种型号可供各种用途的需要而选用。如双 D 74LS74、四 D 74LS175、六 D 74LS174 等。

图 5.27 为双 D 74LS74 的引脚排列图,功能如表 5.16。

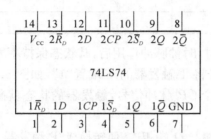

图 5.27　74LS74 引脚排列图

表 5.16　74LS74 功能表

输　入				输　出	
$\overline{S}_D$	$\overline{R}_D$	CP	D	Q^{n+1}	$\overline{Q}^{n+1}$
0	1	×	×	1	0
1	0	×	×	0	1
0	0	×	×	φ	φ
1	1	↑	1	1	0
1	1	↑	0	0	1
1	1	↓	×	Q^n	$\overline{Q}^n$

4. 触发器之间的相互转换

在集成触发器的产品中,每一种触发器都有自己固定的逻辑功能。但可以利用转换的方法获得具有其他功能的触发器。例如将 JK 触发器的 J、K 两端连在一起,并认它为 T 端,就得到所需的 T 触发器。如图 5.28(a)所示,其状态方程为:$Q^{n+1}=T\overline{Q}^n+\overline{T}Q^n$。

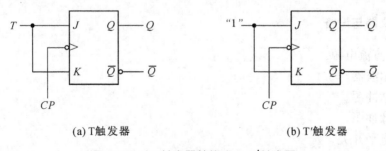

(a) T 触发器　　　　　　　　　(b) T′触发器

图 5.28　JK 触发器转换为 T、T′触发器

T触发器的功能如表5.17。

表 5.17　T触发器的功能表

输　　入				输　　出
$\overline{S}_D$	$\overline{R}_D$	CP	T	Q^{n+1}
0	1	×	×	1
1	0	×	×	0
1	1	↓	0	Q^n
1	1	↓	1	$\overline{Q}^n$

由功能表可见,当 $T=0$ 时,时钟脉冲作用后,其状态保持不变;当 $T=1$ 时,时钟脉冲作用后,触发器状态翻转。所以,若将 T 触发器的 T 端置"1",如图 5.28(b)所示,即得 T′触发器。在 T′触发器的 CP 端每来一个 CP 脉冲信号,触发器的状态就翻转一次,故称之为反转触发器,广泛用于计数电路中。

同样,若将 D 触发器 $\overline{Q}^n$ 端与 D 端相连,便转换成 T′触发器。如图 5.29 所示。

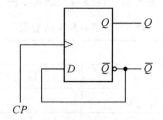

图 5.29　D转成 T′

JK 触发器也可转换为 D 触发器,如图 5.30。

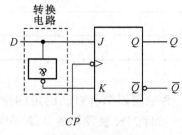

图 5.30　JK 转成 D

三、实验仪器与设备

(1) +5V 直流电源。

(2) 双踪示波器。

(3) 连续脉冲源。

(4) 单次脉冲源。

(5) 逻辑电平开关。

(6) 逻辑电平显示器。

(7) 74LS112、74LS00(或 CC4011)、74LS74。

四、实验内容与步骤

1. 测试基本 RS 触发器的逻辑功能

按图 5.25，用两个与非门组成基本 RS 触发器，输入端 $\overline{R}$、$\overline{S}$ 接逻辑开关的输出插口，输出端 Q、$\overline{Q}$ 逻辑电平显示输入插口，按表 5.18 要求测试，记录之。

表 5.18　基本 RS 触发器的逻辑功能测试结果

$\overline{R}$	$\overline{S}$	Q	$\overline{Q}$
1	1→0		
	0→1		
1→0	1		
0→1			
0	0		

2. 测试双 JK 触发器 74LS112 逻辑功能

(1) 测试 $\overline{R}_D$、$\overline{S}_D$ 的复位、置位功能。

任取一只 JK 触发器，$\overline{R}_D$、$\overline{S}_D$、J、K 端接逻辑开关输出插口，CP 端接单次脉冲源，Q、$\overline{Q}$ 端接至逻辑电平显示输入插口。要求改变 $\overline{R}_D$、$\overline{S}_D$（J、K、CP 处于任意状态），并在 $\overline{R}_D=0(\overline{S}_D=1)$ 或 $\overline{S}_D=0(\overline{R}_D=1)$ 作用期间任意改变 J、K 及 CP 的状态，观察 Q、$\overline{Q}$ 状态。自拟表格并记录之。

(2) 测试 JK 触发器的逻辑功能。

按表 5.19 的要求改变 J、K、CP 端状态，观察 Q、$\overline{Q}$ 状态变化，观察触发器状态更新是否发生在 CP 脉冲的下降沿（即 CP 由 1→0），记录之。

(3) 将 JK 触发器的 J、K 端连在一起，构成 T 触发器。

在 CP 端输入 1 Hz 连续脉冲，观察 Q 端的变化。

在 CP 端输入 1 kHz 连续脉冲，用双踪示波器观察 CP、Q、$\overline{Q}$ 端波形，注意相位关系，描绘之。

表 5.19　JK 触发器逻辑功能测试结果

J	K	CP	Q^{n+1}	
			$Q^n=0$	$Q^n=1$
0	0	0→1		
		1→0		
0	1	0→1		
		1→0		
1	0	0→1		
		1→0		
1	1	0→1		
		1→0		

3. 测试双 D 触发器 74LS74 的逻辑功能

(1) 测试 $\overline{R}_D$、$\overline{S}_D$ 的复位、置位功能。

测试方法同实验内容 2 中的第(1)点,自拟表格记录。

(2) 测试 D 触发器的逻辑功能。

按表 5.20 要求进行测试,并观察触发器状态更新是否发生在 CP 脉冲的上升沿(即由 0→1),记录之。

表 5.20　双 D 触发器逻辑功能结果

D	CP	Q^{n+1}	
		$Q^n=0$	$Q^n=1$
0	0→1		
	1→0		
1	0→1		
	1→0		

(3) 将 D 触发器的 $\overline{Q}$ 端与 D 端相连接,构成 T' 触发器。

测试方法同实验内容 2 中的第(3)点,记录之。

五、实验注意事项

(1) 注意各种触发器的不同触发方式。

(2) 触发器使用前验证其功能表。

六、思考题

(1) 思考触发器的应用。

(2) 简述触发器的不同触发方式的特点。

七、实验报告要求

(1) 列表整理各类触发器的逻辑功能。

(2) 绘制总结观察到的波形,说明触发器的触发方式。

实验六　计数器

一、实验目的

(1) 学习用集成触发器构成计数器的方法。

(2) 掌握中规模集成计数器的使用及功能测试方法。

(3) 运用集成计数器构成 1/N 分频器。

二、实验原理

计数器是一个用以实现计数功能的时序部件,它不仅可用来计脉冲数,还常用作数字系统的定时、分频和执行数字运算以及其他特定的逻辑功能。

计数器种类很多。按构成计数器中的各触发器是否使用一个时钟脉冲源来分,有同步计数器和异步计数器。根据计数制的不同,分为二进制计数器,十进制计数器和任意进制计数器。根据计数的增减趋势,又分为加法、减法和可逆计数器。还有可预置数和可编程序功能计数器等等。目前,无论是 TTL 还是 CMOS 集成电路,都有品种较齐全的中规模集成计数器。使用者只要借助于器件手册提供的功能表和工作波形图以及引出端的排列,就能正确地运用这些器件。

1. 用 D 触发器构成异步二进制加/减计数器

图 5.31 是用四只 D 触发器构成的四位二进制异步加法计数器,它的连接特点是将每只 D 触发器接成 T' 触发器,再由低位触发器的 $\overline{Q}$ 端和高一位的 CP 端相连接。

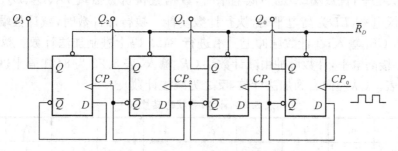

图 5.31　四位二进制异步加法计数器

若将图 5.31 稍加改动,即将低位触发器的 Q 端与高一位的 CP 端相连接,即构成了一个四位二进制减法计数器。

2. 中规模十进制计数器

CC40192 是同步十进制可逆计数器,具有双时钟输入,并具有清除和置数等功能,其引脚排列及逻辑符号如图 5.32 所示。

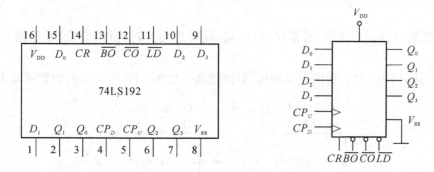

图 5.32　CC40192 引脚排列及逻辑符号

图中 $\overline{LD}$——置数端;CP_U——加计数端;CP_D——减计数端;$\overline{CO}$——非同步进位输出端;$\overline{BO}$——非同步借位输出端;D_0、D_1、D_2、D_3——计数器输入端;Q_0、Q_1、Q_2、Q_3——数据输出端;CR——清除端。

74LS192 的功能如表 5.21,说明如下:

表 5.21 74LS192 的功能表

输　入								输　出			
CR	$\overline{LD}$	CP_U	CP_D	D_3	D_2	D_1	D_0	Q_3	Q_2	Q_1	Q_0
1	×	×	×	×	×	×	×	0	0	0	0
0	0	×	×	d	c	b	a	d	c	b	a
0	1	↑	1	×	×	×	×	加　计　数			
0	1	1	↑	×	×	×	×	减　计　数			

当清除端 CR 为高电平"1"时,计数器直接清零;CR 置低电平则执行其他功能。

当 CR 为低电平,置数端 $\overline{LD}$ 也为低电平时,数据直接从置数端 D_0、D_1、D_2、D_3 置入计数器。当 CR 为低电平,$\overline{LD}$ 为高电平时,执行计数功能。执行加计数时,减计数端 CP_D 接高电平,计数脉冲由 CP_U 输入;在计数脉冲上升沿进行 8421 码十进制加法计数。执行减计数时,加计数端 CP_U 接高电平,计数脉冲由减计数端 CP_D 输入,表 5.22 为 8421 码十进制加、减计数器的状态转换表。(从左向右为加法计数,反之为减法计数)

表 5.22 计数器状态转换表

输入脉冲数		0	1	2	3	4	5	6	7	8	9
输出	Q_3	0	0	0	0	0	0	0	0	1	1
	Q_2	0	0	0	0	1	1	1	1	0	0
	Q_1	0	0	1	1	0	0	1	1	0	0
	Q_0	0	1	0	1	0	1	0	1	0	1

3. 计数器的级联使用

一个十进制计数器只能表示 0~9 十个数,为了扩大计数器范围,常用多个十进制计数器级联使用。

同步计数器往往设有进位(或借位)输出端,故可选用其进位(或借位)输出信号驱动下一级计数器。

图 5.33 是由 74LS192 利用进位输出 $\overline{CO}$ 控制高一位的 CP_U 端构成的加数级联图。

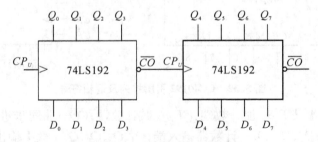

图 5.33 74LS192 级联电路

4. 实现任意进制计数

(1) 用复位法获得任意进制计数器。

假定已有 N 进制计数器,而需要得到一个 M 进制计数器时,只要 $M<N$,用复位法使计

数器计数到 M 时置"0",即获得 M 进制计数器。如图 5.34 所示为一个由 74LS192 十进制计数器接成的 6 进制计数器。

（2）利用预置功能获 M 进制计数器。

图 5.35 为用三个 74LS 192 组成的 421 进制计数器。

外加的由与非门构成的锁存器可以克服器件计数速度的离散性,保证在反馈置"0"信号作用下计数器可靠置"0"。

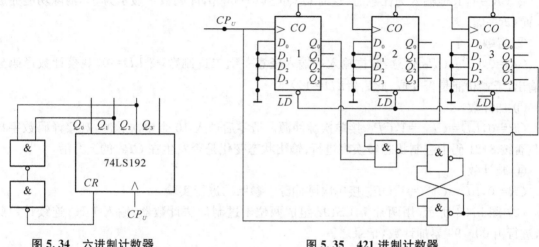

图 5.34　六进制计数器　　　　图 5.35　421 进制计数器

三、实验仪器与设备

（1）+5 V 直流电源。

（2）双踪示波器。

（3）连续脉冲源。

（4）单次脉冲源。

（5）逻辑电平开关。

（6）逻辑电平显示器。

（7）译码显示器。

（8）74LS74×2　　　74LS192×3　　　74LS00　　　74LS20。

四、实验内容与步骤

1. 用 74LS74 D 触发器构成四位二进制异步加法计数器。

① 按图 5.31 接线,$\overline{R}_D$ 接至逻辑开关输出插口,将低位 CP_0 端接单次脉冲源,输出端 Q_3、Q_2、Q_1、Q_0 接逻辑电平显示输入插口,各 $\overline{S}_D$ 接高电平"1"。

② 清零后,逐个送入单次脉冲,观察并列表记录 $Q_3 \sim Q_0$ 状态。

③ 将单次脉冲改为 1 Hz 的连续脉冲,观察 $Q_3 \sim Q_0$ 的状态。

④ 将 1 Hz 的连续脉冲改为 1 kHz,用双踪示波器观察 CP、Q_3、Q_2、Q_1、Q_0 端波形,描绘之。

⑤ 将图 5.31 电路中的低位触发器的 Q 端与高一位的 CP 端相连接,构成减法计数器,按

实验内容(2~4)进行实验,观察并列表记录 $Q_3 \sim Q_0$ 的状态。

(2) 测试 74LS192 同步十进制可逆计数器的逻辑功能。

计数脉冲由单次脉冲源提供,清除端 CR、置数端 $\overline{LD}$、数据输入端 D_3、D_2、D_1、D_0 分别接逻辑开关,输出端 Q_3、Q_2、Q_1、Q_0 接实验设备的一个译码显示输入相应插口 A、B、C、D;$\overline{CO}$ 和 $\overline{BO}$ 接逻辑电平显示插口。按表 5.21 逐项测试并判断该集成块的功能是否正常。

① 清除。

令 $CR=1$,其他输入为任意态,这时 $Q_3 Q_2 Q_1 Q_0 = 0000$,译码数字显示为 0。清除功能完成后,置 $CR=0$。

② 置数。

$CR=0$,CP_U,CP_D 任意,数据输入端输入任意一组二进制数,令 $\overline{LD}=0$,观察计数译码显示输出,予置功能是否完成,此后置 $\overline{LD}=1$。

③ 加计数。

$CR=0$,$\overline{LD}=CP_D=1$,CP_U 接单次脉冲源。清零后送入 10 个单次脉冲,观察译码数字显示是否按 8421 码十进制状态转换表进行;输出状态变化是否发生在 CP_U 的上升沿。

④ 减计数。

$CR=0$,$\overline{LD}=CP_U=1$,CP_D 接单次脉冲源。参照③进行实验。

(3) 图 5.33 所示,用两片 74LS192 组成两位十进制加法计数器,输入 1 Hz 连续计数脉冲,进行由 00~99 累加计数,记录之。

(4) 将两位十进制加法计数器改为两位十进制减法计数器,实现由 99~00 递减计数,记录之。

(5) 按图 5.34 电路进行实验,记录之。

(6) 设计一个数字钟移位 60 进制计数器并进行实验,记录逻辑电路图并进行逻辑验证。

五、实验注意事项

(1) 对所用集成电路的逻辑功能表要进行认真的了解和学习。

(2) 设计电路前必须设计思路清晰,做好必要的记录。

六、思考题

(1) 简述集成计数器构成 N 进制计数器的方法及步骤(至少两种)。

(2) 简述同步计数器和异步计数器的区别。

七、实验报告要求

(1) 画出实验线路图,记录、整理实验现象及实验所得的有关波形。对实验结果进行分析。

(2) 总结使用集成计数器的体会。

(3) 回答思考题。

实验七　移位寄存器及其应用

一、实验目的

(1) 掌握中规模 4 位双向移位寄存器逻辑功能及使用方法。

(2) 熟悉移位寄存器的应用—实现数据的串行、并行转换和构成环形计数器。

二、实验原理

(1) 移位寄存器是一个具有移位功能的寄存器,是指寄存器中所存的代码能够在移位脉冲的作用下依次左移或右移。既能左移又能右移的称为双向移位寄存器,只需要改变左、右移的控制信号便可实现双向移位要求。根据移位寄存器存取信息的方式不同分为:串入串出、串入并出、并入串出、并入并出四种形式。

本实验选用的 4 位双向通用移位寄存器,型号为 CC40194 或 74LS194,两者功能相同,可互换使用,其逻辑符号及引脚排列如图 5.36 所示。

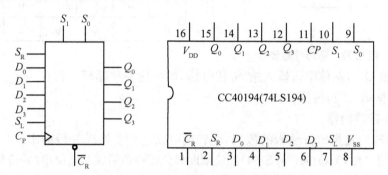

图 5.36　CC40194 的逻辑符号及引脚功能

其中 D_0、D_1、D_2、D_3 为并行输入端;Q_0、Q_1、Q_2、Q_3 为并行输出端;S_R 为右移串行输入端,S_L 为左移串行输入端;S_1、S_0 为操作模式控制端;$\overline{C_R}$ 为直接无条件清零端;CP 为时钟脉冲输入端。

CC40194 有 5 种不同操作模式:即并行送数寄存,右移(方向由 $Q_0 \to Q_3$),左移(方向由 $Q_3 \to Q_0$),保持及清零。S_1、S_0 和 $\overline{C_R}$ 端的控制作用如表 5.23。

表 5.23　CC40194(74LS194)功能表

功能	输入										输出			
	CP	$\overline{C_R}$	S_1	S_0	S_R	S_L	D_O	D_1	D_2	D_3	Q_0	Q_1	Q_2	Q_3
清除	$\times$	0	$\times$	$\times$	$\times$	$\times$	$\times$	$\times$	$\times$	$\times$	0	0	0	0
送数	$\uparrow$	1	1	1	$\times$	$\times$	a	b	c	d	a	b	c	d
右移	$\uparrow$	1	0	1	D_{SR}	$\times$	$\times$	$\times$	$\times$	$\times$	D_{SR}	Q_0	Q_1	Q_2
左移	$\uparrow$	1	1	0	$\times$	D_{SL}	$\times$	$\times$	$\times$	$\times$	Q_1	Q_2	Q_3	D_{SL}
保持	$\uparrow$	1	0	0	$\times$	$\times$	$\times$	$\times$	$\times$	$\times$	Q_0^n	Q_1^n	Q_2^n	Q_3^n
保持	$\downarrow$	1	$\times$	$\times$	$\times$	$\times$	$\times$	$\times$	$\times$	$\times$	Q_0^n	Q_1^n	Q_2^n	Q_3^n

（2）移位寄存器应用很广，可构成移位寄存器型计数器；顺序脉冲发生器；串行累加器；可用作数据转换，即把串行数据转换为并行数据，或把并行数据转换为串行数据等。本实验研究移位寄存器用作环形计数器和数据的串、并行转换。

① 环形计数器。

把移位寄存器的输出反馈到它的串行输入端，就可以进行循环移位，如图 5.37 所示，把输出端 Q_3 和右移串行输入端 S_R 相连接，设初始状态 $Q_0Q_1Q_2Q_3 = 1\,000$，则在时钟脉冲作用下 $Q_0Q_1Q_2Q_3$ 将依次变为 $0100 \rightarrow 0010 \rightarrow 0001 \rightarrow 1000 \rightarrow \cdots\cdots$，如表 5.24 所示，可见它是一个具有四个有效状态的计数器，这种类型的计数器通常称为环形计数器。图 5.37 电路可以由各个输出端输出在时间上有先后顺序的脉冲，因此也可作为顺序脉冲发生器。

表 5.24　环形计数器真值表

CP	Q_0	Q_1	Q_2	Q_3
0	1	0	0	0
1	0	1	0	0
2	0	0	1	0
3	0	0	0	1

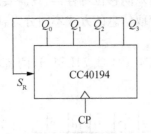

图 5.37　环形计数器

如果将输出 Q_2 与左移串行输入端 S_L 相连接，即可达左移循环移位。

② 实现数据串、并行转换。

a. 串行/并行转换器。

串行/并行转换是指串行输入的数码，经转换电路之后变换成并行输出。

图 5.38 是用二片 CC40194(74LS194)四位双向移位寄存器组成的七位串/并行数据转换电路。

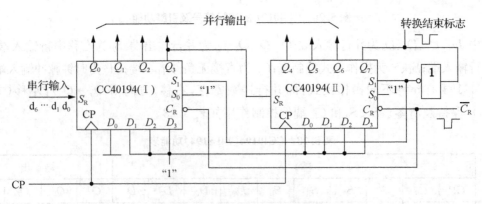

图 5.38　七位串行/并行转换器

电路中 S_0 端接高电平 1，S_1 受 Q_7 控制，二片寄存器连接成串行输入右移工作模式。Q_7 是转换结束标志。当 $Q_7 = 1$ 时，S_1 为 0，使之成为 $S_1S_0 = 01$ 的串入右移工作方式，当 $Q_7 = 0$ 时，$S_1 = 1$，有 $S_1S_0 = 10$，则串行送数结束，标志着串行输入的数据已转换成并行输出了。

串行/并行转换的具体过程如下：

转换前，$\overline{C}_R$ 端加低电平，使 1、2 两片寄存器的内容清 0，此时 $S_1S_0 = 11$，寄存器执行并行输入工作方式。当第一个 CP 脉冲到来后，寄存器的输出状态 $Q_0 \sim Q_7$ 为 01111111，与此同时

S_1S_0 变为 01，转换电路变为执行串入右移工作方式，串行输入数据由 1 片的 S_R 端加入。随着 CP 脉冲的依次加入，输出状态的变化可列成表 5.25 所示。

表 5.25 七位串/并行数据转换表

CP	Q_0	Q_1	Q_2	Q_3	Q_4	Q_5	Q_6	Q_7	说明
0	0	0	0	0	0	0	0	0	清零
1	0	1	1	1	1	1	1	1	送数
2	d_0	0	1	1	1	1	1	1	右移操作七次
3	d_1	d_0	0	1	1	1	1	1	
4	d_2	d_1	d_0	0	1	1	1	1	
5	d_3	d_2	d_1	d_0	0	1	1	1	
6	d_4	d_3	d_2	d_1	d_0	0	1	1	
7	d_5	d_4	d_3	d_2	d_1	d_0	0	1	
8	d_6	d_5	d_4	d_3	d_2	d_1	d_0	0	
9	0	1	1	1	1	1	1	1	送数

由表 5.25 可见，右移操作七次之后，Q_7 变为 0，S_1S_0 又变为 11，说明串行输入结束。这时，串行输入的数码已经转换成了并行输出了。当再来一个 CP 脉冲时，电路又重新执行一次并行输入，为第二组串行数码转换作好了准备。

b. 并行/串行转换器。

并行/串行转换器是指并行输入的数码经转换电路之后，换成串行输出。

图 5.39 是用两片 CC40194(74LS194) 组成的七位并行/串行转换电路，它比图 5.38 多了两只与非门 G_1 和 G_2，电路工作方式同样为右移。

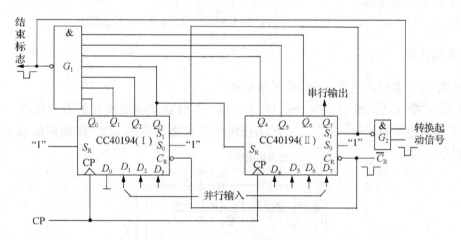

图 5.39 七位并行/串行转换器

寄存器清"0"后，加一个转换起动信号（负脉冲或低电平）。此时，由于方式控制 S_1S_0 为 11，转换电路执行并行输入操作。当第一个 CP 脉冲到来后，$Q_0Q_1Q_2Q_3Q_4Q_5Q_6Q_7$ 的状态为 $0D_1D_2D_3D_4D_5D_6D_7$，并行输入数码存入寄存器。从而使得 G_1 输出为 1，G_2 输出为 0，结果，S_1S_2 变为 01，转换电路随着 CP 脉冲的加入，开始执行右移串行输出，随着 CP 脉冲的依次加入，输出状态依次右移，待右移操作七次后，$Q_0 \sim Q_6$ 的状态都为高电平 1，与非门 G_1 输出为低电平,G_2门输出为高电平,S_1S_2又变为11,表示并/串行转换结束,且为第二次并行输入创造了条件。转换过程如表 5.26 所示。

表 5.26 并/串行数据转换表

CP	Q_0	Q_1	Q_2	Q_3	Q_4	Q_5	Q_6	Q_7	串行输出						
0	0	0	0	0	0	0	0	0							
1	0	D_1	D_2	D_3	D_4	D_5	D_6	D_7							
2	1	0	D_1	D_2	D_3	D_4	D_5	D_6	D_7						
3	1	1	0	D_1	D_2	D_3	D_4	D_5	D_6	D_7					
4	1	1	1	0	D_1	D_2	D_3	D_4	D_5	D_6	D_7				
5	1	1	1	1	0	D_1	D_2	D_3	D_4	D_5	D_6	D_7			
6	1	1	1	1	1	0	D_1	D_2	D_3	D_4	D_5	D_6	D_7		
7	1	1	1	1	1	1	0	D_1	D_2	D_3	D_4	D_5	D_6	D_7	
8	1	1	1	1	1	1	1	0	D_1	D_2	D_3	D_4	D_5	D_6	D_7
9	0	D_1	D_2	D_3	D_4	D_5	D_6	D_7							

中规模集成移位寄存器,其位数往往以 4 位居多,当需要的位数多于 4 位时,可把几片移位寄存器用级连的方法来扩展位数。

三、实验设备及器件

(1) +5 V 直流电源。

(2) 单次脉冲源。

(3) 逻辑电平开关。

(4) 逻辑电平显示器。

(5) CC40194×2(74LS194) CC4011(74LS00) CC4068(74LS30)。

四、实验内容

1. 测试 CC40194(或 74LS194)的逻辑功能

按图 5.40 接线,$\overline{C}_R$、S_1、S_0、S_L、S_R、D_0、D_1、D_2、D_3 分别接至逻辑开关的输出插口;Q_0、Q_1、Q_2、Q_3 接至逻辑电平显示输入插口。CP 端接单次脉冲源。按表 5.27 所规定的输入状态,逐项进行测试。

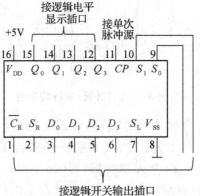

图 5.40 CC40194 逻辑功能测试

表 5.27 CC40194(或 74LS194)逻辑功能测试表

清除	模式		时钟	串行		输入	输出	功能总结
$\overline{C_R}$	S_1	S_0	CP	S_L	S_R	$D_0\ D_1\ D_2\ D_3$	$Q_0\ Q_1\ Q_2\ Q_3$	
0	×	×	×	×	×	× × × ×		
1	1	1	↑	×	×	a b c d		
1	0	1	↑	×	0	× × × ×		
1	0	1	↑	×	1	× × × ×		
1	0	1	↑	×	0	× × × ×		
1	0	1	↑	×	0	× × × ×		
1	1	0	↑	1	×	× × × ×		
1	1	0	↑	×	×	× × × ×		
1	1	0	↑	1	×	× × × ×		
1	1	0	↑	1	×	× × × ×		
1	0	0	↑	×	×	× × × ×		

（1）清除：令 $\overline{C_R}=0$，其他输入均为任意态，这时寄存器输出 Q_0、Q_1、Q_2、Q_3 应均为 0。清除后，置 $\overline{C_R}=1$。

（2）送数：令 $\overline{C_R}=S_1=S_0=1$，送入任意 4 位二进制数，如 $D_0D_1D_2D_3=abcd$，加 CP 脉冲，观察 $CP=0$、CP 由 $0\rightarrow1$、CP 由 $1\rightarrow0$ 三种情况下寄存器输出状态的变化，观察寄存器输出状态变化是否发生在 CP 脉冲的上升沿。

（3）右移：清零后，令 $\overline{C_R}=1,S_1=0,S_0=1$，由右移输入端 S_R 送入二进制数码如 0100，由 CP 端连续加 4 个脉冲，观察输出情况，记录之。

（4）左移：先清零或予置，再令 $\overline{C_R}=1,S_1=1,S_0=0$，由左移输入端 S_L 送入二进制数码如 1111，连续加四个 CP 脉冲，观察输出端情况，记录之。

（5）保持：寄存器予置任意 4 位二进制数码 abcd，令 $\overline{C_R}=1,S_1=S_0=0$，加 CP 脉冲，观察寄存器输出状态，记录之。

2. 环形计数器

自拟实验线路用并行送数法予置寄存器为某二进制数码（如 0100），然后进行右移循环，观察寄存器输出端状态的变化，记入表 5.28 中。

表 5.28 环形计数功能表

CP	Q_0	Q_1	Q_2	Q_3
0	0	1	0	0
1				
2				
3				
4				

3. 实现数据的串、并行转换

(1) 串行输入、并行输出。

按图 5.38 接线,进行右移串入、并出实验,串入数码自定;改接线路用左移方式实现并行输出。自拟表格,记录之。

(2) 并行输入、串行输出。

按图 5.39 接线,进行右移并入、串出实验,并入数码自定。再改接线路用左移方式实现串行输出。自拟表格,记录之。

五、实验预习要求

(1) 复习有关寄存器及串行、并行转换器有关内容。

(2) 查阅 CC40194、CC4011 及 CC4068 逻辑线路。熟悉其逻辑功能及引脚排列。

(3) 画出用两片 CC40194 构成的七位左移串/并行转换器线路。

(4) 画出用两片 CC40194 构成的七位左移并/串行转换器线路。

六、实验报告

(1) 分析表 5.27 的实验结果,总结移位寄存器 CC40194 的逻辑功能并写入表格功能总结一栏中。

(2) 分析串/并、并/串转换器所得结果的正确性。

实验八　555 时基电路

一、实验目的

(1) 熟悉 555 型集成时基电路结构、工作原理及其特点。

(2) 掌握 555 型集成时基电路的基本应用。

二、实验原理

集成时基电路又称为集成定时器或 555 电路,是一种数字、模拟混合型的中规模集成电路,应用十分广泛。它是一种产生时间延迟和多种脉冲信号的电路,由于内部电压标准使用了三个 5 kΩ 电阻,故取名 555 电路。其电路类型有双极型和 CMOS 型两大类,二者的结构与工作原理类似。几乎所有的双极型产品型号最后的三位数码都是 555 或 556;所有的 CMOS 产品型号最后四位数码都是 7555 或 7556,二者的逻辑功能和引脚排列完全相同,易于互换。555 和 7555 是单定时器。556 和 7556 是双定时器。双极型的电源电压 $V_{\text{OC}} = +5\ \text{V} \sim +15\ \text{V}$,输出的最大电流可达 200 mA,CMOS 型的电源电压为 $+3\ \text{V} \sim +18\ \text{V}$。

1. 555 电路的工作原理

555 电路的内部电路方框图如图 5.41 所示。它含有两个电压比较器,一个基本 RS 触发器,一个放电开关管 T,比较器的参考电压由三只 5 kΩ 的电阻器构成的分压器提供。它们分别使高电平比较器 A_1 的同相输入端和低电平比较器 A_2 的反相输入端的参考电平为 $\frac{2}{3}V_{\text{CC}}$ 和 $\frac{1}{3}V_{\text{CC}}$。A_1 与 A_2 的输出端控制 RC 触发器状态和放电管开关状态。当输入信号自 6 脚,即高电平触发输入并超过参考电平 $\frac{2}{3}V_{CC}$ 时,触发器复位,555 的输出端 3 脚输出低电平,同时放电开关管导通;当输入信号自 2 脚输入并低于 $\frac{1}{3}V_{CC}$ 时,触发器置位,555 的 3 脚输出高电平,同时放电开关管截止。

$\overline{R}_D$ 是复位端(4 脚),当 $\overline{R}_D=0$,555 输出低电平。平时 $\overline{R}_D$ 端开路或接 V_{CC}。

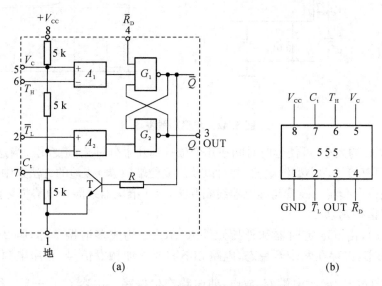

(a)   (b)

图 5.41 555 定时器内部框图及引脚排列

V_C 是控制电压端(5 脚),平时输出 $\frac{2}{3}V_{CC}$ 作为比较器 A_1 的参考电平,当 5 脚外接一个输入电压,即改变了比较器的参考电平,从而实现对输出的另一种控制,在不接外加电压时,通常接一个 $0.01~\mu F$ 的电容器到地,起滤波作用,以消除外来干扰,以确保参考电平的稳定。

T 为放电管,当 T 导通时,将给接于脚 7 的电容器提供低阻放电通路。

555 定时器主要是与电阻、电容构成充放电电路,并由两个比较器来检测电容器上的电压,以确定输出电平的高低和放电开关管的通断。这就很方便地构成从微秒到数十分钟的延时电路,可方便地构成单稳态触发器、多谐振荡器、施密特触发器等脉冲产生或波形变换电路。

2. 555 定时器的典型应用

(1)构成单稳态触发器。

图 5.42(a)为由 555 定时器和外接定时元件 R、C 构成的单稳态触发器。触发电路由 C_1、R_1、D 构成,其中 D 为钳位二极管,稳态时 555 电路输入端处于电源电平,内部放电开关管 T 导通,输出端 F 输出低电平,当有一个外部负脉冲触发信号经 C_1 加到 2 端。并使 2 端电位瞬时低于 $\frac{1}{3}V_{CC}$,低电平比较器动作,单稳态电路即开始一个暂态过程,电容 C 开始充电,V_C 按指数规律增长。当 V_C 充电到 $\frac{2}{3}V_{CC}$ 时,高电平比较器动作,比较器 A_1 翻转,输出 V_O 从高电平返回低电平,放电开关管 T 重新导通,电容 C 上的电荷很快经放电开关管放电,暂态结束,恢复稳态,为下个触发脉冲的来到作好准备。波形图如图 5.42(b)所示。暂稳态的持续时间 t_w(即为延时时间)决定于外接元件 R、C 值的大小。$t_w=1.1RC$。

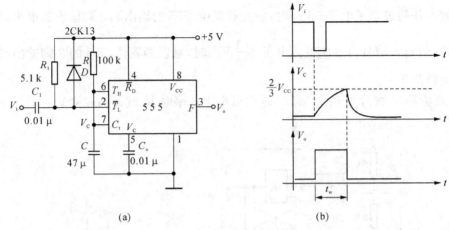

图 5.42　单稳态触发器

通过改变 R、C 的大小，可使延时时间在几个微秒到几十分钟之间变化。当这种单稳态电路作为计时器时，可直接驱动小型继电器，并可以使用复位端(4脚)接地的方法来中止暂态，重新计时。此外尚须用一个续流二极管与继电器线圈并接，以防继电器线圈反电势损坏内部功率管。

（2）构成多谐振荡器。

如图 5.43(a)，由 555 定时器和外接元件 R_1、R_2、C 构成多谐振荡器，脚 2 与脚 6 直接相连。电路没有稳态，仅存在两个暂稳态，电路亦不需要外加触发信号，利用电源通过 R_1、R_2 向 C 充电，以及 C 通过 R_2 向放电端 C_t 放电，使电路产生振荡。电容 C 在 $\frac{1}{3}V_{cc}$ 和 $\frac{2}{3}V_{cc}$ 之间充电和放电，其波形如图 5.43 (b)所示。输出信号的时间参数是

$$T = t_{w1} + t_{w2}，t_{w1} = 0.7(R_1 + R_2)C，t_{w2} = 0.7R_2C$$

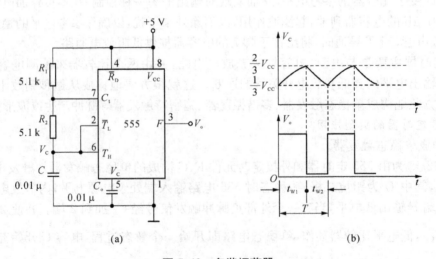

图 5.43　多谐振荡器

555 电路要求 R_1 与 R_2 均应大于或等于 1 kΩ ，但 $R_1 + R_2$ 应小于或等于 3.3 MΩ。

外部元件的稳定性决定了多谐振荡器的稳定性，555 定时器配以少量的元件即可获得较高精度的振荡频率和具有较强的功率输出能力。因此这种形式的多谐振荡器应用很广。

（3）组成占空比可调的多谐振荡器。

电路如图 5.44，它比图 5.43 所示电路增加了一个电位器和两个导引二极管。D_1、D_2 用来决定电容充、放电电流流经电阻的途径（充电时 D_1 导通，D_2 截止；放电时 D_2 导通，D_1 截止）。

占空比 $$P=\frac{t_{w1}}{t_{w1}+t_{w2}}\approx\frac{0.7R_AC}{0.7C(R_A+R_B)}=\frac{R_A}{R_A+R_B}$$

可见，若取 $R_A=R_B$ 电路即可输出占空比为 50% 的方波信号。

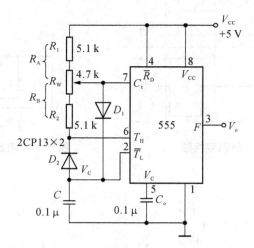

图 5.44 占空比可调的多谐振荡器

（4）组成施密特触发器。

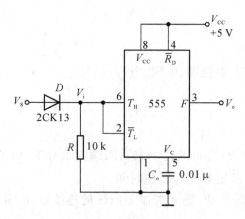

图 5.45 施密特触发器

电路如图 5.45，只要将脚 2、6 连在一起作为信号输入端，即得到施密特触发器。图 5.46 示出了 V_s，V_i 和 V_o 的波形图。

设被整形变换的电压为正弦波 V_s，其正半波通过二极管 D 同时加到 555 定时器的 2 脚和 6 脚，得 V_i 为半波整流波形。当 V_i 上升到 $\frac{2}{3}V_{cc}$ 时，V_o 从高电平翻转为低电平；当 V_i 下降到 $\frac{1}{3}V_{cc}$ 时，V_o 又从低电平翻转为高电平。电路的电压传输特性曲线如图 5.47 所示。

回差电压　　　　　　　　$$\Delta V=\frac{2}{3}V_{CC}-\frac{1}{3}V_{CC}=\frac{1}{3}V_{CC}$$

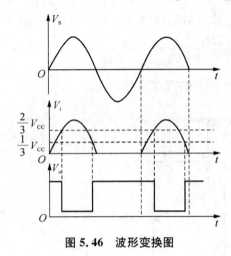

图 5.46　波形变换图　　　　　　　　　图 5.47　电压传输特性

三、实验设备与器件

(1) +5 V 直流电源。

(2) 双踪示波器。

(3) 连续脉冲源。

(4) 单次脉冲源。

(5) 音频信号源。

(6) 数字频率计。

(7) 逻辑电平显示器。

(8) 555×2　2CK13×2,电位器、电阻、电容若干。

四、实验内容

1. 单稳态触发器

(1) 按图 5.42 连线,取 $R=100$ K,$C=47\ \mu$F,输入信号 V_i 由单次脉冲源提供,用双踪示波器观测 V_i,V_C,V_o 波形。测定幅度与暂稳时间。

(2) 再取 $R=1$ K,$C=0.1\ \mu$F,输入端加 1 kHz 的连续脉冲,观测波形 V_i,V_C,V_o,测定幅度及暂稳时间。

2. 多谐振荡器

(1) 按图 5.43 接线,用双踪示波器观测 V_C 与 V_o 的波形,测定频率。

(2) 按图 5.44 接线,组成占空比为 50% 的方波信号发生器。观测 V_C,V_o 波形,测定波形参数。

3. 施密特触发器

按图 5.45 接线,输入信号由音频信号源提供,预先调好 V_s 的频率为 1 kHz,接通电源,逐渐加大 V_s 的幅度,观测输出波形,测绘电压传输特性,算出回差电压 ΔU。

4. 模拟声响电路

按图 5.48 接线,组成两个多谐振荡器,调节定时元件,使 I 输出较低频率,II 输出较高频率,连好线,接通电源,试听音响效果。调换外接阻容元件,再试听音响效果。

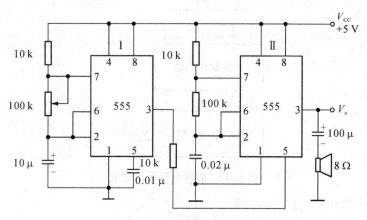

图 5.48　模拟声响电路

五、实验注意事项

(1) 实验前需复习有关 555 定时器的工作原理及其应用。
(2) 实验前需拟定各次实验的步骤和方法。

六、思考题

(1) 如何用示波器测定施密特触发器的电压传输特性曲线?
(2) 如何调节由 555 定时器组成的多谐振荡器的占空比?

七、实验报告要求

(1) 绘出详细的实验线路图,定量绘出观测到的波形。
(2) 分析、总结实验结果。

5.3　提高性实验

实验一　脉冲分配器

一、实验目的

(1) 熟悉集成时序脉冲分配器的使用方法及其应用。
(2) 学习步进电动机的环形脉冲分配器的组成方法。

二、实验原理

(1) 脉冲分配器的作用是产生多路顺序脉冲信号,它可以由计数器和译码器组成,也可以由环形计数器构成,图 5.49 中 CP 端上的系列脉冲经 N 位二进制计数器和相应的译码器,可以转变为 2^n 路顺序输出脉冲。

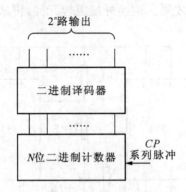

图 5.49 脉冲分配器的组成

（2）集成时序脉冲分配器 CC4017。

CC4017 是按 BCD 计数/时序译码器组成的分配器。

其逻辑符号及引脚功能如图 5.50 所示。功能如表 5.29。

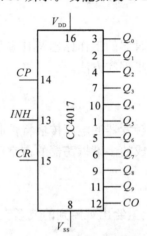

图 5.50 CC4017 的逻辑符号

表 5.29 CC4017 功能表

输　入				输　出
CP	INH	CR	$Q_0 \sim Q_9$	CO
×	×	1	Q_0	
↑	0	0	计　数	计数脉冲为 $Q_0 \sim Q_4$ 时：$CO=1$ 计数脉冲为 $Q_5 \sim Q_9$ 时：$CO=0$
1	↓	0		
0	×	0		
×	1	0	保　持	
↓	×	0		
×	↑	0		

注：CO—进位脉冲输出端；CP—时钟输入端；CR—清除端；INH—禁止端；$Q_0 \sim Q_9$—计数脉冲输出端。

CC4017 的输出波形如图 5.51。

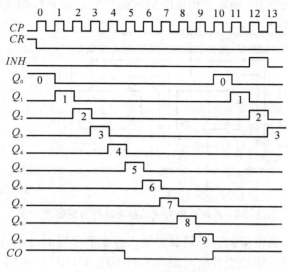

图 5.51 CC4017 的波形图

CC4017 应用十分广泛,可用于十进制计数、分频、$1/N$ 计数($N=2\sim10$ 只需用一块,$N>10$ 可用多块器件级连)。图 5.52 所示为由两片 CC4017 组成的 60 分频的电路。

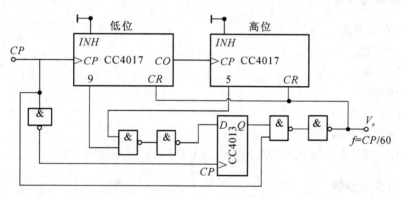

图 5.52 60 分频电路

(3) 步进电动机的环形脉冲分配器。

图 5.53 所示为某一三相步进电动机的驱动电路示意图。

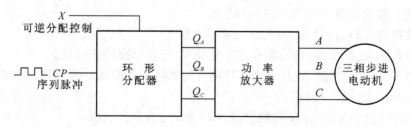

图 5.53 三相步进电动机的驱动电路示意图

A、B、C 分别表示步进电机的三相绕组。步进电机按三相六拍方式运行,即要求步进电机正转时,控制端 $X=1$,使电机三相绕组的通电顺序为 $A \to AB \to B \to BC \to C \to CA$,要求步进电机反转时,令控制端 $X=0$,三相绕组的通电顺序改为 $A{\rightarrow}AC{\rightarrow}C{\rightarrow}BC{\rightarrow}B{\rightarrow}AB$。

图 5.54 所示为由三个 JK 触发器构成的按六拍通电方式的脉冲环形分配器,供参考。

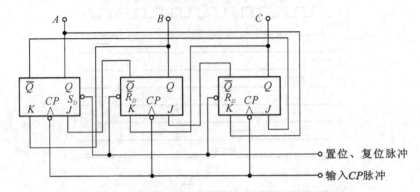

图 5.54　六拍通电方式的脉冲环行分配器逻辑图

要使步进电机反转,通常应加有正转脉冲输入控制和反转脉冲输入控制端。

此外,由于步进电机三相绕组任何时刻都不得出现 A、B、C 三相同时通电或同时断电的情况,所以,脉冲分配器的三路输出不允许出现 111 和 000 两种状态,为此,可以给电路加初态予置环节。

三、实验设备与器件

(1) $+5V$ 直流电源。

(2) 双踪示波器。

(3) 连续脉冲源。

(4) 单次脉冲源。

(5) 逻辑电平开关。

(6) 逻辑电平显示器。

(7) CC4017×2、CC4013×2、CC4027×2、CC4011×2、CC4085×2。

四、实验内容与步骤

(1) CC4017 逻辑功能测试。

① 参照图 5.50,EN、CR 接逻辑开关的输出插口。CP 接单次脉冲源,0~9 十个输出端接至逻辑电平显示输入插口,按功能表要求操作各逻辑开关。清零后,连续送出 10 个脉冲信号,观察十个发光二极管的显示状态,并列表记录。

② CP 改接为 1 Hz 连续脉冲,观察记录输出状态。

(2) 按图 5.52 线路接线,自拟实验方案验证 60 分频电路的正确性。

(3) 参照图 5.53 的线路,设计一个用环形分配器构成的驱动三相步进电动机可逆运行的三相六拍环形分配器线路。要求:

① 环形分配器用 CC4013 双 D 触发器,CC4085 与或非门组成。

② 由于电动机三相绕组在任何时刻都不应出现同时通电同时断电情况,在设计中要做到这一点。

③ 电路安装好后,先用手控送入 CP 脉冲进行调试,然后加入系列脉冲进行动态实验。

④ 整理数据、分析实验中出现的问题,作出实验报告。

五、实验注意事项

正确了解集成电路的功能表,搭建电路务必细心。

六、思考题

(1) 脉冲分配器的原理。
(2) CC4017 的逻辑功能了解。

七、实验报告要求

(1) 画出完整的实验线路。
(2) 总结分析实验结果。

实验二 使用门电路产生脉冲信号
——自激多谐振荡器

一、实验目的

(1) 掌握使用门电路构成脉冲信号产生电路的基本方法。
(2) 掌握影响输出脉冲波形参数的定时元件数值的计算方法。
(3) 学习石英晶体稳频原理和使用石英晶体构成振荡器的方法。

二、实验原理

与非门作为一个开关倒相器件,可用以构成各种脉冲波形的产生电路。电路的基本工作原理是利用电容器的充放电,当输入电压达到与非门的阈值电压 V_T 时,门的输出状态即发生变化。因此,电路输出的脉冲波形参数直接取决于电路中阻容元件的数值。

1. 非对称型多谐振荡器

如图 5.55 所示,非门 3 用于输出波形整形。

非对称型多谐振荡器的输出波形是不对称的,当用 TTL 与非门组成时,输出脉冲宽度

$$t_{w1}=RC \qquad t_{w2}=1.2RC \qquad T=2.2RC$$

调节 R 和 C 值,可改变输出信号的振荡频率,通常用改变 C 实现输出频率的粗调,改变电位器 R 实现输出频率的细调。

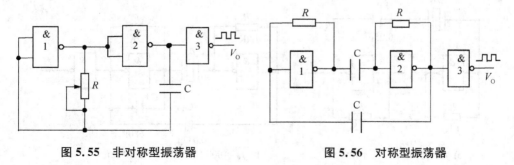

图 5.55 非对称型振荡器   图 5.56 对称型振荡器

2. 对称型多谐振荡器

如图 5.56 所示,由于电路完全对称,电容器的充放电时间常数相同,故输出为对称的方波。改变 R 和 C 的值,可以改变输出振荡频率。非门 3 用于输出波形整形。

一般取 $R \leqslant 1$ kΩ,当 $R = 1$ kΩ,$C = 100$ pf～100 μf 时,$f = $ nHz～nMHz,脉冲宽度 $t_{w1} = t_{w2} = 0.7RC$,$T = 1.4RC$

3. 带 RC 电路的环形振荡器

电路如图 5.57 所示,非门 4 用于输出波形整形,R 为限流电阻,一般取 100 Ω,电位器 R_w 要求 $\leqslant 1$ kΩ,电路利用电容 C 的充放电过程,控制 D 点电压 V_D,从而控制与非门的自动启闭,形成多谐振荡,电容 C 的充电时间 t_{w1}、放电时间 t_{w2} 和总的振荡周期 T 分别为

$$t_{w1} \approx 0.94RC, \quad t_{w2} \approx 1.26RC, \quad T \approx 2.2RC$$

调节 R 和 C 的大小可改变电路输出的振荡频率。

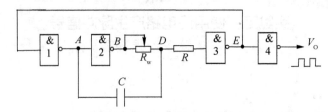

图 5.57　带有 RC 电路的环形振荡器

以上这些电路的状态转换都发生在与非门输入电平达到门的阈值电平 V_T 的时刻。在 V_T 附近电容器的充放电速度已经缓慢,而且 V_T 本身也不够稳定,易受温度、电源电压变化等因素以及干扰的影响。因此,电路输出频率的稳定性较差。

4. 石英晶体稳频的多谐振荡器

当要求多谐振荡器的工作频率稳定性很高时,上述几种多谐振荡器的精度已不能满足要求。为此常用石英晶体作为信号频率的基准。用石英晶体与门电路构成的多谐振荡器常用来为微型计算机等提供时钟信号。

图 5.58 所示为常用的晶体稳频多谐振荡器。(a)、(b)为 TTL 器件组成的晶体振荡电路;(c)、(d)为 CMOS 器件组成的晶体振荡电路,一般用于电子表中,其中晶体的 $f_0 = 32\ 768$ Hz。

图 5.58(c)中,门 1 用于振荡,门 2 用于缓冲整形。R_f 是反馈电阻,通常在几十兆欧之间选取,一般选 22 MΩ。R 起稳定振荡作用,通常取十至几百千欧。C_1 是频率微调电容器,C_2 用于温度特性校正。

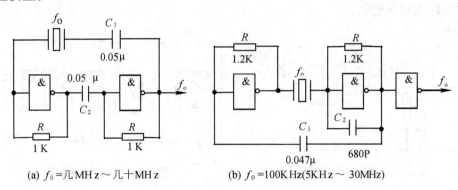

(a) $f_0 = $ 几 MHz～几十 MHz　　　　(b) $f_0 = 100$ KHz(5KHz～30MHz)

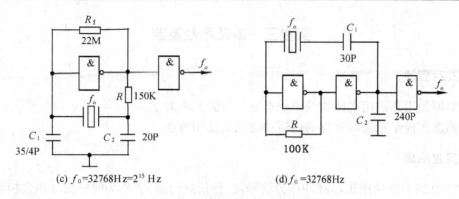

(c) $f_0=32768Hz=2^{15}$ Hz　　　　　(d) $f_0=32768Hz$

图 5.58　常用的晶体振荡电路

三、实验设备与器件

（1）+5 V 直流电源。

（2）双踪示波器。

（3）数字频率计。

（4）74LS00（或 CC4011）、晶振 32768 Hz、电位器、电阻、电容若干。

四、实验内容

（1）用与非门 74LS00 按图 5.55 构成多谐振荡器，其中 R 为 10 kΩ 电位器，C 为 0.01 μF。

① 用示波器观察输出波形及电容 C 两端的电压波形，列表记录之。

② 调节电位器观察输出波形的变化，测出上、下限频率。

③ 用一只 100 μF 电容器跨接在 74LS00　14 脚与 7 脚的最近处，观察输出波形的变化及电源上纹波信号的变化，记录之。

（2）用 74LS00 按图 5.56 接线，取 $R=1$ kΩ，$C=0.047$ μF，用示波器观察输出波形，记录之。

（3）用 74LS00 按图 5.57 接线，其中定时电阻 R_w 用一个 510 Ω 与一个 1 kΩ 的电位器串联，取 $R=100$ Ω，$C=0.1$ uF。

① R_w 调到最大时，观察并记录 A、B、D、E 及 v_0 各点电压的波形，测出 v_0 的周期 T 和负脉冲宽度（电容 C 的充电时间）并与理论计算值比较。

② 改变 R_w 值，观察输出信号 v_0 波形的变化情况。

（4）按图 5.58（c）接线，晶振选用电子表晶振 32 768 Hz，与非门选用 CC4011，用示波器观察输出波形，用频率计测量输出信号频率，记录之。

五、实验预习要求

（1）复习自激多谐振荡器的工作原理。

（2）画出实验用的详细实验线路图。

（3）拟好记录、实验数据表格等。

六、实验报告

（1）画出实验电路，整理实验数据与理论值进行比较。

（2）用方格纸画出实验观测到的工作波形图，对实验结果进行分析。

实验三 单稳态触发器

一、实验目的

(1) 掌握使用集成门电路构成单稳态触发器的基本方法。
(2) 熟悉集成单稳态触发器的逻辑功能及其使用方法。

二、实验原理

在数字电路中常使用矩形脉冲作为信号,进行信息传递,或作为时钟信号用来控制和驱动电路,使各部分协调动作。一类为自激多谐振荡器,它是不需要外加信号触发的矩形波发生器。另一类是他激多谐振荡器,有单稳态触发器,它需要在外加触发信号的作用下输出具有一定宽度的矩形脉冲波;有施密特触发器(整形电路),它对外加输入的正弦波等波形进行整形,使电路输出矩形脉冲波。

1. 用与非门组成单稳态触发器

利用与非门作开关,依靠定时元件 RC 电路的充放电路来控制与非门的启闭。单稳态电路有微分型与积分型两大类,这两类触发器对触发脉冲的极性与宽度有不同的要求。

(1) 微分型单稳态触发器。

如图 5.59 所示。

该电路为负脉冲触发。其中 R_P、C_P 构成输入端微分隔直电路。R、C 构成微分型定时电路,定时元件 R、C 的取值不同,输出脉宽 t 也不同。$t \approx (0.7 \sim 1.3)$ RC。与非门 G_3 起整形、倒相作用。

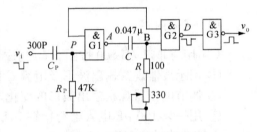

图 5.59 微分型单稳态触发器

图 5.60 为微分型单稳态触发器各点波形图,结合波形图说明其工作原理。

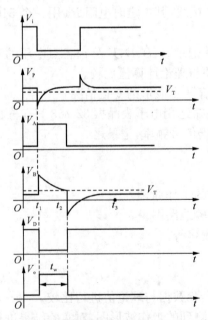

图 5.60 微分型单稳态触发器波形图

① 无外介触发脉冲时电路初始稳态 $t < t_1$ 前状态。

稳态时 v_i 为高电平。适当选择电阻 R 阻值,使与非门 G_2 输入电压 V_B 小于门的关门电平 $(V_B < V_{off})$,则门 G_2 关闭,输出 V_D 为高电平。适当选择电阻 R_P 阻值,使与非门 G_1 的输入电压 V_P 大于门的开门电平 $(V_P > V_{on})$,于是 G_1 的两个输入端全为高电平,则 G_1 开启,输出 V_A 为低电平(为方便计,取 $V_{off} = V_{on} = V_T$)。

② 触发翻转 $t = t_1$ 时刻。

v_i 负跳变,V_P 也负跳变,门 G_1 输出 V_A 升高,经电容 C 耦合,V_B 也升高,门 G_2 输出 V_D 降低,正反馈到 G_1 输入端,结果使 G_1 输出 V_A 由低电平迅速上跳至高电平,G_1 迅速关闭;V_B 也上跳至高电平,G_2 输出 V_D 则迅速下跳至低电平,G_2 迅速开通。

③ 暂稳状态 $t_1 < t < t_2$。

$t \geqslant t_1$ 以后,G_1 输出高电平,对电容 C 充电,V_B 随之按指数规律下降,但只要 $V_B > V_T$,G_1 关、G_2 开的状态将维持不变,V_A、V_D 也维持不变。

④ 自动翻转 $t = t_2$。

$t = t_2$ 时刻,V_B 下降至门的关门平 V_T,G_2 输出 V_D 升高,G_1 输出 V_A,正反馈作用使电路迅速翻转至 G_1 开启,G_2 关闭初始稳态。

暂稳态时间的长短,决定于电容 C 充电时间常数 $t = RC$。

⑤恢复过程 $t_2 < t < t_3$。

电路自动翻转到 G_1 开启,G_2 关闭后,V_B 不是立即回到初始稳态值,这是因为电容 C 要有一个放电过程。

$t > t_3$ 以后,如 V_i 再出现负跳变,则电路将重复上述过程。

如果输入脉冲宽度较小时,则输入端可省去 R_P、C_P 微分电路了。

(2) 积分型单稳态触发器。

如图 5.61 所示

电路采用正脉冲触发,工作波形如图 5.62 所示。电路的稳定条件是 $R \leqslant 1 \text{ k}\Omega$,输出脉冲宽度 $t_W \approx 1.1RC$。

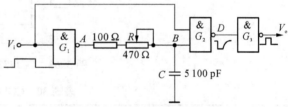

图 5.61　积分型单稳态触发器

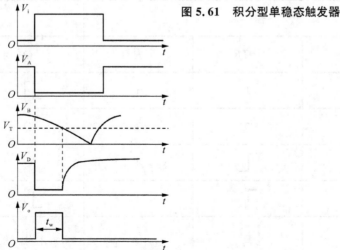

图 5.62　积分型单稳态触发器波形图

　　单稳态触发器共同特点是：触发脉冲未加入前,电路处于稳态。此时,可以测得各门的输入和输出电位。触发脉冲加入后,电路立刻进入暂稳态,暂稳态的时间,即输出脉冲的宽度 t_w 只取决于 RC 数值的大小,与触发脉冲无关。

　　2. 集成双单稳态触发器 CC14528(CC4098)

　　(1) 图 5.63 为 CC14528(CC4098)的逻辑符号及功能表。

　　该器件能提供稳定的单脉冲,脉宽由外部电阻 R_X 和外部电容 C_X 决定,调整 R_X 和 C_X 可使 Q 端和 $\overline{Q}$ 端输出脉冲宽度有一个较宽的范围。本器件可采用上升沿触发($+TR$)也可用下降沿触发($-TR$),为使用带来很大的方便。在正常工作时,电路应由每一个新脉冲去触发。当采用上升沿触发时,为防止重复触发,$\overline{Q}$ 必须连到($-TR$)端。同样,在使用下降沿触发时,Q 端必须连到($+TR$)端。

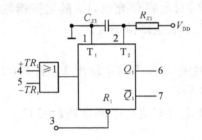

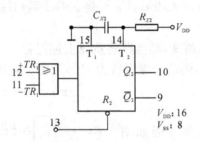

图 5.63　CC14528 的逻辑符号

表 5.30　CC14528 功能表

输　入			输　出	
$+TR$	$-TR$	$\overline{R}$	Q	$\overline{Q}$
⌐	1	1	∏	∐
⌐	0	1	Q	$\overline{Q}$
1	⌐	1	Q	$\overline{Q}$
0	⌐	1	∏	∐
×	×	0	0	1

该单稳态触发器的时间周期约为 $T_X = R_X C_X$，所有的输出级都有缓冲级，以提供较大的驱动电流。

（2）应用举列。

① 实现脉冲延迟，如图 5.64 所示。

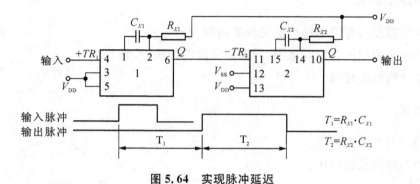

图 5.64　实现脉冲延迟

② 实现多谐振荡器，如图 5.65 所示。

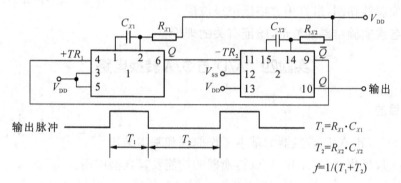

图 5.65　实现多谐振荡

三、实验设备与器件

（1）+5 V 直流电源。

（2）双踪示波器。

（3）连续脉冲源。

（4）数字频率计。

（5）CC4011、CC14528、CC40106、2CK15、电位器、电阻、电容若干。

四、实验内容与步骤

（1）按图 5.59 接线，输入 1 kHz 连续脉冲，用双踪示波器 V_i、V_P、V_A、V_B、V_D 及 V_O 的波形，记录之。

（2）改变 C 或 R 之值，重复实验 1 的内容。

（3）按图 5.61 接线，重复 1 的实验内容。

（4）按图 5.64 接线，输入 1 kHz 连续脉冲，用双踪示波器观测输入、输出波形，测定 T_1 与 T_2。

（5）按图 5.65 接线，用示波器观测输出波形，测定振荡频率。

五、实验注意事项

（1）实验前需复习有关单稳态触发器的内容。

（2）先画出实验用的详细线路图，后拟定实验的方法、步骤。

（3）实验连线时需仔细。

六、思考题

（1）单稳态触发器的特点。

（2）单稳态触发器的应用。

七、实验报告要求

（1）绘出实验线路图，最好用方格纸记录波形。

（2）分析各次实验结果的波形，验证有关的理论。

实验四　A/D 与 D/A 转换电路

一、实验目的

（1）了解 D/A 和 A/D 转换器的基本工作原理和基本结构。

（2）掌握大规模集成 D/A 和 A/D 转换器的功能及其典型应用。

二、实验原理

在数字电子技术的很多应用场合往往需要把模拟量转换为数字量，称为模/数转换器（A/D 转换器，简称 ADC）；或把数字量转换成模拟量，称为数/模转换器（D/A 转换器，简称 DAC）。完成这种转换的线路有多种，特别是单片大规模集成 A/D、D/A 转换器问世，为实现上述的转换提供了极大的方便。使用者可借助于手册提供的器件性能指标及典型应用电路，即可正确使用这些器件。本实验将采用大规模集成电路 DAC0832 实现 D/A 转换，ADC0809 实现 A/D 转换。

1. D/A 转换器 DAC0832

DAC0832 是采用 CMOS 工艺制成的单片电流输出型 8 位数/模转换器。图 5.66 是 DAC0832 的逻辑框图及引脚排列。

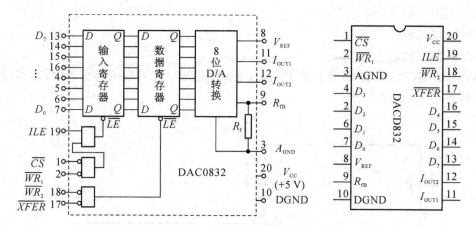

图 5.66　DAC0832 单片 D/A 转换器逻辑框图和引脚排列

器件的核心部分采用倒 T 型电阻网络的 8 位 D/A 转换器,如图 5.67 所示。它是由倒 T 型 R-$2R$ 电阻网络、模拟开关、运算放大器和参考电压 V_{REF} 四部分组成。

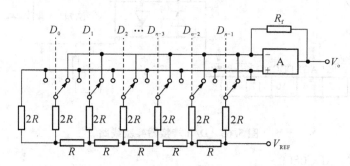

图 5.67　倒 T 型电阻网络 D/A 转换电路

运放的输出电压为:　$V_O = \dfrac{V_{REF} \cdot R_f}{2^n R}(D_{n-1} \cdot 2^{n-1} + D_{n-2} \cdot 2^{n-2} + \cdots + D_0 \cdot 2^0)$

由上式可见,输出电压 V_O 与输入的数字量成正比,这就实现了从数字量到模拟量的转换。

一个 8 位的 D/A 转换器,它有 8 个输入端,每个输入端是 8 位二进制数的一位,有一个模拟输出端,输入可有 $2^8 = 256$ 个不同的二进制组态,输出为 256 个电压之一,即输出电压不是整个电压范围内任意值,而只能是 256 个可能值。

DAC0832 的引脚功能说明如下:

$D_0 \sim D_7$:数字信号输入端;

ILE:输入寄存器允许,高电平有效;

$\overline{CS}$:片选信号,低电平有效;

$\overline{WR_1}$:写信号 1,低电平有效;

$\overline{XFER}$:传送控制信号,低电平有效;

$\overline{WR2}$:写信号 2,低电平有效;

I_{OUT1},I_{OUT2}:DAC 电流输出端;

R_{fB}:反馈电阻,是集成在片内的外接运放的反馈电阻;

V_{REF}:基准电压($-10 \sim +10$) V;

V_{CC}:电源电压(+5～+15) V;

AGND:模拟地;

NGND:数字地;

DAC0832 输出的是电流,要转换为电压,还必须经过一个外接的运算放大器,实验线路如图 5.68 所示。

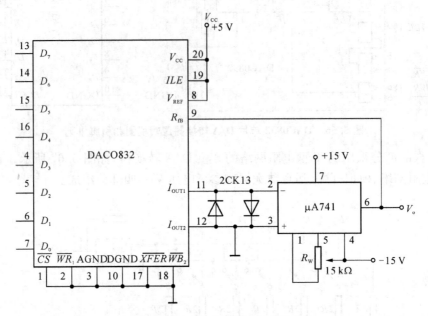

图 5.68　D/A 转换器实验线路

2. A/D 转换器 ADC0809

ADC0809 是采用 CMOS 工艺制成的单片 8 位 8 通道逐次渐近型模/数转换器,其逻辑框图及引脚排列如图 5.69 所示。

器件的核心部分是 8 位 A/D 转换器,它由比较器、逐次逼近寄存器、D/A 转换器及控制和定时 5 部分组成。

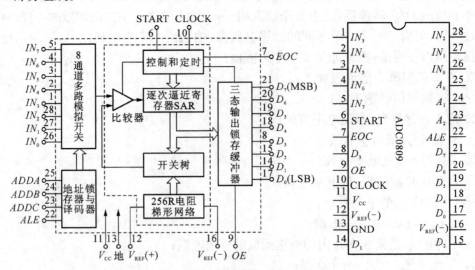

图 5.69　ADC0809 转换器逻辑框图及引脚排列

ADC0809 的引脚功能说明如下：

$IN_0 \sim IN_7$：8 路模拟信号输入端；

A_2、A_1、A_0：地址输入端；

ALE：地址锁存允许输入信号，在此脚施加正脉冲，上升沿有效，此时锁存地址码，从而选通相应的模拟信号通道，以便进行 A/D 转换；

START：启动信号输入端，应在此脚施加正脉冲，当上升沿到达时，内部逐次逼近寄存器复位，在下降沿到达后，开始 A/D 转换过程；

EOC：转换结束输出信号（转换结束标志），高电平有效；

OE：输入允许信号，高电平有效；

CLOCK（CP）：时钟信号输入端，外接时钟频率一般为 640 kHz；

V_{CC}：+5 V 单电源供电；

$V_{REF}(+)$、$V_{REF}(-)$：基准电压的正极、负极。一般 $V_{REF}(+)$ 接 +5 V 电源，$V_{REF}(-)$ 接地；

$D_0 \sim D_7$：数字信号输出端。

(1) 模拟量输入通道选择。

8 路模拟开关由 A_2、A_1、A_0 三地址输入端选通 8 路模拟信号中的任何一路进行 A/D 转换，地址译码与模拟输入通道的选通关系如表 5.31 所示。

表 5.31　地址译码与模拟输入通道的选通关系表

被选模拟通道		IN_0	IN_1	IN_2	IN_3	IN_4	IN_5	IN_6	IN_7
地址	A_2	0	0	0	0	1	1	1	1
	A_1	0	0	1	1	0	0	1	1
	A_0	0	1	0	1	0	1	0	1

(2) D/A 转换过程。

在启动端（START）加启动脉冲（正脉冲），D/A 转换即开始。如将启动端（START）与转换结束端（EOC）直接相连，转换将是连续，在用这种转换方式时，开始应在外部加启动脉冲。

三、实验设备及器件

(1) +5 V、±15 V 直流电源。

(2) 双踪示波器。

(3) 计数脉冲源。

(4) 逻辑电平开关。

(5) 逻辑电平显示器。

(6) 直流数字电压表。

(7) DAC0832、ADC0809、μA741、电位器、电阻、电容若干。

四、实验内容

1. D/A 转换器- DAC0832

(1) 按图 5.68 接线，电路接成直通方式，即 $\overline{CS}$、$\overline{WR1}$、$\overline{WR2}$、$\overline{XFER}$ 接地；ALE、V_{CC}、V_{REF} 接

＋5 V 电源;运放电源接±15 V;$D_0 \sim D_7$ 接逻辑开关的输出插口,输出端 V_0 接直流数字电压表。

（2）调零,令 $D_0 \sim D_7$ 全置零,调节运放的电位器使 μA741 输出为零。

（3）按表 5.32 所列的输入数字信号,用数字电压表测量运放的输出电压 V_0,并将测量结果填入表中,并与理论值进行比较。

表 5.32　D/A 转换器- DAC0832 测试结果

输入数字量								输出模拟量 V_0(V)
D_7	D_6	D_5	D_4	D_3	D_2	D_1	D_0	$V_{CC}=+5$ V
0	0	0	0	0	0	0	0	
0	0	0	0	0	0	0	1	
0	0	0	0	0	0	1	0	
0	0	0	0	0	1	0	0	
0	0	0	0	1	0	0	0	
0	0	0	1	0	0	0	0	
0	0	1	0	0	0	0	0	
0	1	0	0	0	0	0	0	
1	0	0	0	0	0	0	0	
1	1	1	1	1	1	1	1	

2. A/D 转换器- ADC0809

按图 5.70 接线。

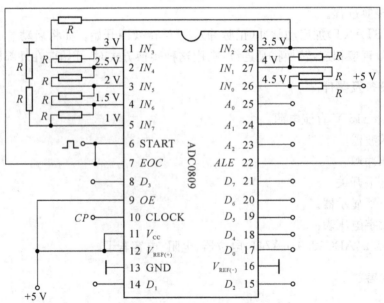

图 5.70　ADC0809 实验线路

（1）8 路输入模拟信号 1 V～4.5 V，由＋5 V 电源经电阻 R 分压组成；变换结果 D_0～D_7 接逻辑电平显示器输入插口，CP 时钟脉冲由计数脉冲源提供，取 $f=100$ kHz；A_0～A_7 地址端接逻辑电平输出插口。

（2）接通电源后，在启动端（START）加一正单次脉冲，下降沿一到即开始 A/D 转换。

（3）按表 5.33 的要求观察，记录 IN_0～IN_7 8 路模拟信号的转换结果，并将转换结果换算成十进制数表示的电压值，并与数字电压表实测的各路输入电压值进行比较，分析误差原因。

表 5.33　ADC0809 实验测试表

被选模拟通道	输入模拟量	地址			输出数字量								
IN	V_i(V)	A_2	A_1	A_0	D_7	D_6	D_5	D_4	D_3	D_2	D_1	D_0	十进制
IN_0	4.5	0	0	0									
IN_1	4.0	0	0	1									
IN_2	3.5	0	1	0									
IN_3	3.0	0	1	1									
IN_4	2.5	1	0	0									
IN_5	2.0	1	0	1									
IN_6	1.5	1	1	0									
IN_7	1.0	1	1	1									

五、实验注意事项

（1）了解 A/D、D/A 转换的工作原理

（2）熟悉 ADC0809、DAC0832 各引脚功能，使用方法。

六、思考题

（1）简述常用的 A/D、D/A 转换的工作原理。

（2）常用的 A/D、D/A 转换的指标有哪些？

七、实验报告要求

（1）绘好完整的实验线路和所需的实验记录表格

（2）整理实验数据，分析实验结果。

5.4　综合性实验

实验一　智力抢答器

一、设计任务

设计一个带有计时功能的四人用智力竞赛抢答器，要求可以判断抢答优先权。

二、设计原理

图 5.71 为供四人用的智力竞赛抢答装置线路,用以判断抢答优先权。

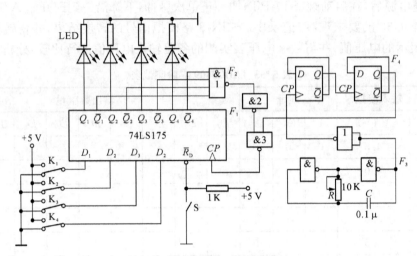

图 5.71　智力竞赛抢答装置原理图

图中 F_1 为 4D 触发器 74LS175,它具有公共置 0 端和公共 CP 端,引脚排列见附录;F_2 为双 4 输入与非门 74LS20;F_3 是由 74LS00 组成的多谐振荡器;F_4 是由 74LS74 组成的四分频电路,F_3、F_4 组成抢答电路中的 CP 时钟脉冲源,抢答开始时,由主持人清除信号,按下复位开关 S,74LS175 的输出 $Q_1 \sim Q_4$ 全为 0,所有发光二极管 LED 均熄灭,当主持人宣布"抢答开始"后,首先作出判断的参赛者立即按下开关,对应的发光二极管点亮,同时,通过与非门 F_2 送出信号锁住其余三个抢答者的电路,不再接受其他信号,直到主持人再次清除信号为止。

三、设备与器件

(1) +5 V 直流电源。
(2) 逻辑电平开关。
(3) 逻辑电平显示器。
(4) 双踪示波器。
(5) 数字频率计。
(6) 直流数字电压表。
(7) 74LS175、74LS20、74LS74、74LS00。

四、设计步骤

(1) 测试各触发器及各逻辑门的逻辑功能。判断器件的好坏。

(2) 按图 5.7.1 接线,抢答器 5 个开关接实验装置上的逻辑开关、发光二极管接逻辑电平显示器。

(3) 断开抢答器电路中 CP 脉冲源电路,单独对多谐振荡器 F_3 及分频器 F_4 进行调试,调整多谐振荡器 10 KΩ 电位器,使其输出脉冲频率约 4 kHz,观察 F_3 及 F_4 输出波形及测试其频率。

（4）测试抢答器电路功能。

接通＋5 V电源，CP端接实验装置上连续脉冲源，取重复频率约 1 kHz。

① 抢答开始前，开关 K₁、K₂、K₃、K₄ 均置"0"，准备抢答，将开关 S 置"0"，发光二极管全熄灭，再将 S 置"1"。抢答开始，K₁、K₂、K₃、K₄ 某一开关置"1"，观察发光二极管的亮、灭情况，然后再将其它三个开关中任一个置"1"，观察发光二极的亮、灭有否改变。

② 重复①的内容，改变 K₁、K₂、K₃、K₄ 任一个开关状态，观察抢答器的工作情况。

② 整体测试。断开实验装置上的连续脉冲源，接入 F₃ 及 F₄，再进行实验。

④ 电路改进。在图 5.71 电路中加一个计时功能，要求计时电路显示时间精确到秒，最多限制为 2 分钟，一旦超出限时，则取消抢答权，电路如何改进。

五、设计注意事项

（1）搭建电路前一定要按照要求画出设计电路图，并测试所用集成芯片的好坏。
（2）搭建电路过程中一定要细心。

六、设计报告要求

（1）分析智力竞赛抢答装置各部分功能及工作原理。
（2）总结数字系统的设计、调试方法。
（3）分析实验中出现的故障及解决办法。

实验二　电子秒表

一、设计任务

利用数字电路中基本 RS 触发器、单稳态触发器、时钟发生器及计数、译码显示等单元电路设计一个电子秒表，并对电子秒表的进行总机的调试。

二、设计原理

图 5.72 为电子秒表的电原理图。按功能分成四个单元电路进行分析。

1. 基本 RS 触发器

图 5.72 中单元 I 为用集成与非门构成的基本 RS 触发器。属低电平直接触发的触发器，有直接置位、复位的功能。

它的一路输出 $\overline{Q}$ 作为单稳态触发器的输入，另一路输出 Q 作为与非门 5 的输入控制信号。

按动按钮开关 K₂（接地），则门 1 输出 $\overline{Q}=1$；门 2 输出 $Q=0$，K₂ 复位后 Q、$\overline{Q}$ 状态保持不变。再按动按钮开关 K₁，则 Q 由 0 变为 1，门 5 开启，为计数器启动作好准备。$\overline{Q}$ 由 1 变 0，送出负脉冲，启动单稳态触发器工作。

基本 RS 触发器在电子秒表中的职能是启动和停止秒表的工作。

2. 单稳态触发器

图 5.72 中单元 II 为用集成与非门构成的微分型单稳态触发器，图 5.73 为各点波形图。

单稳态触发器的输入触发负脉冲信号 V_i 由基本 RS 触发器 $\overline{Q}$ 端提供，输出负脉冲 V_O 通过非门加到计数器的清除端 R。

　　静态时,门4应处于截止状态,故电阻 R 必须小于门的关门电阻 R_{off}。定时元件 RC 取值不同,输出脉冲宽度也不同。当触发脉冲宽度小于输出脉冲宽度时,可以省去输入微分电路的 RP 和 CP。

　　单稳态触发器在电子秒表中的职能是为计数器提供清零信号。

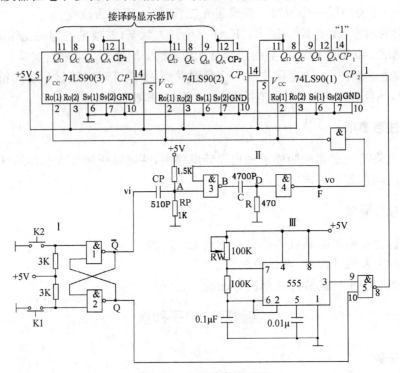

图 5.72　电子秒表原理图

3. 时钟发生器

　　图 5.72 中单元Ⅲ为用 555 定时器构成的多谐振荡器,是一种性能较好的时钟源。

　　调节电位器 R_{w},使在输出端 3 获得频率为 50 Hz 的矩形波信号,当基本 RS 触发器 $Q=1$ 时,门 5 开启,此时 50 Hz 脉冲信号通过门 5 作为计数脉冲加于计数器①的计数输入端 CP_2。

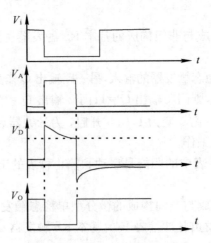

图 5.73　单稳态触发器波形图

4. 计数及译码显示

二—五—十进制加法计数器 74LS90 构成电子秒表的计数单元,如图 5.72 中单元 Ⅳ 所示。其中计数器①接成五进制形式,对频率为 50Hz 的时钟脉冲进行五分频,在输出端 QD 取得周期为 0.1S 的矩形脉冲,作为计数器②的时钟输入。计数器②及计数器③接成 8421 码十进制形式,其输出端与实验装置上译码显示单元的相应输入端连接,可显示 0.1~0.9 秒;1~9.9 秒计时。

注:集成异步计数器 74LS90

74LS90 是异步二—五—十进制加法计数器,它既可以作二进制加法计数器,又可以作五进制和十进制加法计数器。

图 5.74 为 74LS90 引脚排列,表 5.34 为功能表。

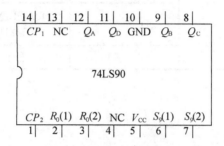

图 5.74　74LS90 引脚排列

通过不同的连接方式,74LS90 可以实现四种不同的逻辑功能;而且还可借助 $R_0(1)$、$R_0(2)$ 对计数器清零,借助 $S_9(1)$、$S_9(2)$ 将计数器置 9。其具体功能详述如下:

(1) 计数脉冲从 CP_1 输入,QA 作为输出端,为二进制计数器。

(2) 计数脉冲从 CP_2 输入,$QDQCQB$ 作为输出端,为异步五进制加法计数器。

(3) 若将 CP_2 和 QA 相连,计数脉冲由 CP_1 输入,QD、QC、QB、QA 作为输出端,则构成异步 8421 码十进制加法计数器。

(4) 若将 CP_1 与 QD 相连,计数脉冲由 CP_2 输入,QA、QD、QC、QB 作为输出端,则构成异步 5421 码十进制加法计数器。

(5) 清零、置 9 功能。

异步清零

当 $R_0(1)$、$R_0(2)$ 均为"1";$S_9(1)$、$S_9(2)$ 中有"0"时,实现异步清零功能,即 QDQCQBQA=0000。

置 9 功能

当 $S_9(1)$、$S_9(2)$ 均为"1";$R_0(1)$、$R_0(2)$ 中有"0"时,实现置 9 功能,即 QDQCQBQA=1001。

表 5.34　74LS90 功能表

输入						输出				功能
清 0		置 9		时钟		QD	QC	QB	QA	
$R_0(1)$、$R_0(2)$		$S_9(1)$、$S9(2)$		CP_1	CP_2					
1	1	0 ×	× 0	×	×	0	0	0	0	清 0

续表

输入					输　出	功能
清 0	置 9		时钟		QD QC QB QA	
$R_0(1)$、$R_0(2)$	$S_9(1)$、$S9(2)$		CP_1	CP_2		
0　× ×　0	1　1		×	×	1　0　0　1	置 9
0　× ×　0	0　× ×　0		↓	1	QA　输　出	二进制计数
			1	↓	QDQCQB 输出	五进制计数
			↓	QA	QDQCQBQA 输出 8421BCD 码	十进制计数
			QD	↓	QAQDQCQB 输出 5421BCD 码	十进制计数
			1	1	不　变	保　持

三、设备及器件

(1) +5 V 直流电源。

(2) 双踪示波器。

(3) 直流数字电压表。

(4) 数字频率计。

(5) 单次脉冲源。

(6) 连续脉冲源。

(7) 逻辑电平开关。

(8) 逻辑电平显示器。

(9) 译码显示器。

(10) 74LS00×2、555×1、74LS90×3、电位器、电阻、电容若干。

四、设计步骤

由于实验电路中使用器件较多,实验前必须合理安排各器件在实验装置上的位置,使电路逻辑清楚,接线较短。

实验时,应按照实验任务的次序,将各单元电路逐个进行接线和调试,即分别测试基本 RS 触发器、单稳态触发器、时钟发生器及计数器的逻辑功能,待各单元电路工作正常后,再将有关电路逐级连接起来进行测试……,直到测试电子秒表整个电路的功能。

这样的测试方法有利于检查和排除故障,保证实验顺利进行。

1. 基本 RS 触发器的测试

2. 单稳态触发器的测试

(1) 静态测试。

用直流数字电压表测量 A、B、D、F 各点电位值。记录之。

（2）动态测试。

输入端接 1 kHz 连续脉冲源，用示波器观察并描绘 D 点（V_D）、F 点（V_0）波形，如嫌单稳输出脉冲持续时间太短，难以观察，可适当加大微分电容 C（如改为 0.1 μ）待测试完毕，再恢复 4700P。

3. 时钟发生器的测试

用示波器观察输出电压波形并测量其频率，调节 R_W，使输出矩形波频率为 50 Hz。

4. 计数器的测试

（1）计数器。①接成五进制形式，$R_0(1)$、$R_0(2)$、$S_9(1)$、$S_9(2)$ 接逻辑开关输出插口，CP_2 接单次脉冲源，CP_1 接高电平"1"，$Q_D \sim Q_A$ 接实验设备上译码显示输入端 D、C、B、A，按表 5.34 测试其逻辑功能，记录之。

（2）计数器②及计数器③接成 8421 码十进制形式，同内容（1）进行逻辑功能测试。记录之。

（3）将计数器①、②、③级连，进行逻辑功能测试。记录之。

5. 电子秒表的整体测试

各单元电路测试正常后，按图 5.72 把几个单元电路连接起来，进行电子秒表的总体测试。

先按一下按钮开关 K_2，此时电子秒表不工作，再按一下按钮开关 K_1，则计数器清零后便开始计时，观察数码管显示计数情况是否正常，如不需要计时或暂停计时，按一下开关 K_2，计时立即停止，但数码管保留所计时之值。

6. 电子秒表准确度的测试

利用电子钟或手表的秒计时对电子秒表进行校准。

五、设计报告要求

（1）列出电子秒表单元电路的测试表格。

（2）列出调试电子秒表的步骤。

（3）总结电子秒表整个调试过程。

（4）分析调试中发现的问题及故障排除方法。

实验三 拔河游戏机

一、设计任务

给定实验设备和主要元器件，按照电路的各部分组合成一个完整的拔河游戏机。

（1）拔河游戏机需用 15 个（或 9 个）发光二极管排列成一行，开机后只有中间一个点亮，以此作为拔河的中心线，游戏双方各持一个按键，迅速地、不断地按动产生脉冲，谁按得快，亮点向谁方向移动，每按一次，亮点移动一次。移到任一方终端二极管点亮，这一方就得胜，此时双方按键均无作用，输出保持，只有经复位后才使亮点恢复到中心线。

（2）显示器显示胜者的盘数。

二、设计原理

1. 实验电路框图

如图 5.75 所示。

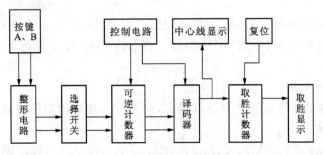

图 5.75　拔河游戏机线路框图

2. 整机电路图

如图 5.76 所示。

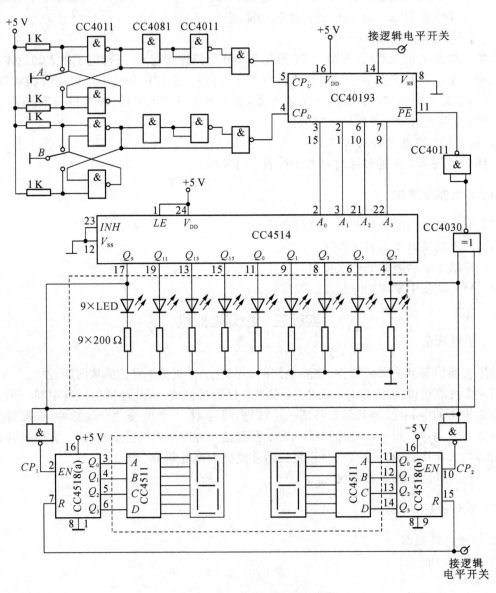

图 5.76　拔河游戏机整机线路图

三、设备及元器件

（1）+5 V 直流电源。

（2）译码显示器。

（3）逻辑电平开关。

（4）CC4514（4 线 - 16 线译码/分配器）、CC40193（同步递增/递减 二进制计数器）、CC4518（十进制计数器）、CC4081（与门）、CC4011×3（与非门）、CC4030（异或门）、电阻（1 KΩ）4 只。

四、设计步骤

可逆计数器 CC40193 原始状态输出 4 位二进制数 0000，经译码器输出使中间的一只发光二极管点亮。当按动 A、B 两个按键时，分别产生两个脉冲信号，经整形后分别加到可逆计数器上，可逆计数器输出的代码经译码器译码后驱动发光二极管点亮并产生位移，当亮点移到任何一方终端后，由于控制电路的作用，使这一状态被锁定，而对输入脉冲不起作用。如按动复位键，亮点又回到中点位置，比赛又可重新开始。

将双方终端二极管的正端分别经两个与非门后接至二个十进制计数器 CC4518 的允许控制端 EN，当任一方取胜，该方终端二极管点亮，产生一个下降沿使其对应的计数器计数。这样，计数器的输出即显示了胜者取胜的盘数。

1. 编码电路

编码器有二个输入端，四个输出端，要进行加/减计数，因此选用 CC40193 双时钟二进制同步加/减计数器来完成。

2. 整形电路

CC40193 是可逆计数器，控制加减的 CP 脉冲分别加至 5 脚和 4 脚，此时当电路要求进行加法计数时，减法输入端 CP_D 必须接高电平；进行减法计数时，加法输入端 CP_U 也必须接高电平，若直接由 A、B 键产生的脉冲加到 5 脚或 4 脚，那么就有很多时机在进行计数输入时另一计数输入端为低电平，使计数器不能计数，双方按键均失去作用，拔河比赛不能正常进行。加一整形电路，使 A、B 二键出来的脉冲经整形后变为一个占空比很大的脉冲，这样就减少了进行某一计数时另一计数输入为低电平的可能性，从而使每按一次键都有可能进行有效的计数。整形电路由与门 CC4081 和与非门 CC4011 实现。

3. 译码电路

选用 4 - 16 线 CC4514 译码器。译码器的输出 $Q_0 \sim Q_{14}$ 分接 15 个（或 9 个）个发光二极管，二极管的负端接地，而正端接译码器；这样，当输出为高电平时发光二极管点亮。

比赛准备，译码器输入为 0000，Q_0 输出为"1"，中心处二极管首先点亮，当编码器进行加法计数时，亮点向右移，进行减法计数时，亮点向左移。

4. 控制电路

为指示出谁胜谁负，需用一个控制电路。当亮点移到任何一方的终端时，判该方为胜，此时双方的按键均宣告无效。此电路可用异或门 CC4030 和非门 CC4011 来实现。将双方终端二极管的正极接至异或门的两个输入端，当获胜一方为"1"，而另一方则为"0"，异或门输出为"1"，经非门产生低电平"0"，再送到 CC40193 计数器的置数端 $\overline{PE}$，于是计数器停止计数，处于预置状态,由于计数器数据端 A、B、C、D 和输出端 Q_A、Q_B、Q_C、Q_D 对应相连,输入也就是输出,从而使计数器对输入脉冲不起作用。

5. 胜负显示

将双方终端二极管正极经非门后的输出分别接到二个 CC4518 计数器的 EN 端,CC4518 的两组 4 位 BCD 码分别接到实验装置的两组译码显示器的 A、B、C、D 插口处。当一方取胜时,该方终端二极管发亮,产生一个上升沿,使相应的计数器进行加一计数,于是就得到了双方取胜次数的显示,若一位数不够,则进行二位数的级联。

6. 复位

为能进行多次比赛而需要进行复位操作,使亮点返回中心点,可用一个开关控制 CC40193 的清零端 R 即可。

胜负显示器的复位也应用一个开关来控制胜负计数器 CC4518 的清零端 R,使其重新计数。

五、设计注意事项

(1) 搭建电路前一定要按照要求画出设计电路图,并测试所用集成芯片的好坏。

(2) 搭建电路过程中一定要细心。

六、设计报告要求

讨论实验结果,总结实验收获。

实验四 数字频率计

一、设计任务

数字频率计是用于测量信号(方波、正弦波或其他脉冲信号)的频率,并用十进制数字显示,它具有精度高,测量迅速,读数方便等优点。

要求设计一数字频率计:

1. 位数

计 4 位十进制数,计数位数主要取决于被测信号频率的高低,如果被测信号频率较高,精度又较高,可相应增加显示位数。

2. 量程

第一档:最小量程档,最大读数是 9.999 kHz,闸门信号的采样时间为 1 s。

第二档:最大读数为 99.99 kHz,闸门信号的采样时间为 0.1 s。

第三档:最大读数为 999.9 kHz,闸门信号的采样时间为 10 ms。

第四档:最大读数为 9 999 kHz,闸门信号的采样时间为 1 ms。

3. 显示方式

(1) 用七段 LED 数码管显示读数,做到显示稳定、不跳变。

(2) 小数点的位置跟随量程的变更而自动移位。

(3) 为了便于读数,要求数据显示的时间在 0.5 s~5 s 内连续可调。

4. 具有"自检"功能。

二、设计原理

脉冲信号的频率就是在单位时间内所产生的脉冲个数,其表达式为 $f=N/T$,其中 f 为被测信号的频率,N 为计数器所累计的脉冲个数,T 为产生 N 个脉冲所需的时间。计数器所记录的结果,就是被测信号的频率。如在 1 s 内记录 1 000 个脉冲,则被测信号的频率为1 000 Hz。

本实验课题仅讨论一种简单易制的数字频率计,其原理方框图如图 5.77 所示。

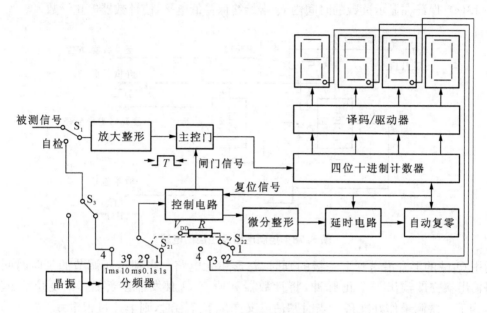

图 5.77　数字频率计原理框图

晶振产生较高的标准频率,经分频器后可获得各种时基脉冲(1 ms,10 ms,0.1 s,1 s 等),时基信号的选择由开关 S_2 控制。被测频率的输入信号经放大整形后变成矩形脉冲加到主控门的输入端,如果被测信号为方波,放大整形可以不要,将被测信号直接加到主控门的输入端。时基信号经控制电路产生闸门信号至主控门,只有在闸门信号采样期间内(时基信号的一个周期),输入信号才通过主控门。若时基信号的周期为 T,进入计数器的输入脉冲数为 N,则被测信号的频率 $f=N/T$,改变时基信号的周期 T,即可得到不同的测频范围。当主控门关闭时,计数器停止计数,显示器显示记录结果。此时控制电路输出一个置零信号,经延时、整形电路的延时,当达到所调节的延时时间时,延时电路输出一个复位信号,使计数器和所有的触发器置 0,为后续新的一次取样作好准备,即能锁住一次显示的时间,使保留到接受新的一次取样为止。

当开关 S_2 改变量程时,小数点能自动移位。

若开关 S_1,S_3 配合使用,可将测试状态转为"自检"工作状态(即用时基信号本身作为被测信号输入)。

三、设计步骤

1. 控制电路

控制电路与主控门电路如图 5.78 所示。

主控电路由双 D 触发器 CC4013 及与非门 CC4011 构成。CC4013(a)的任务是输出闸门控制信号,以控制主控门(2)的开启与关闭。如果通过开关 S_2 选择一个时基信号,当给与非门(1)输入一个时基信号的下降沿时,门 1 就输出一个上升沿,则 CC4013(a)的 Q_1 端就由低电平变为高电平,将主控门 2 开启。允许被测信号通过该主控门并送至计数器输入端进行计数。相隔 1 s(或 0.1 s,10 ms,1 ms)后,又给与非门 1 输入一个时基信号的下降沿,与非门 1 输出端又产生一个上升沿,使 CC4013(a)的 Q_1 端变为低电平,将主控门关闭,使计数器停止计数,同时 $\overline{Q_1}$ 端产生一个上升沿,使 CC4013(b)翻转成 $Q_2=1$,$\overline{Q_2}=0$,由于 $\overline{Q_2}=0$,它立即封锁与非门 1 不再让时基信号进入 CC4013(a),保证在显示读数的时间内 Q_1 端始终保持低电平,使计数器停止计数。

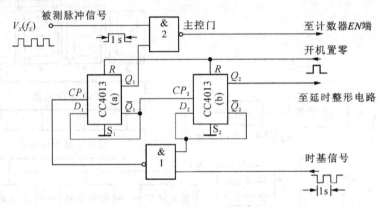

图 5.78　控制电路及主控门电路

利用 Q_2 端的上升沿送到下一级的延时、整形单元电路。当到达所调节的延时时间时,延时电路输出端立即输出一个正脉冲,将计数器和所有 D 触发器全部置 0。复位后,$Q_1=0$,$\overline{Q_1}=1$,为下一次测量作好准备。当时基信号又产生下降沿时,则上述过程重复。

2. 微分、整形电路

电路如图 5.79 所示。CC4013(b)的 Q_2 端所产生的上升沿经微分电路后,送到由与非门 CC4011 组成的斯密特整形电路的输入端,在其输出端可得到一个边沿十分陡峭且具有一定脉冲宽度的负脉冲,然后再送至下一级延时电路。

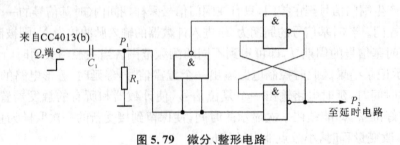

图 5.79　微分、整形电路

3. 延时电路

延时电路由 D 触发器 CC4013(c)、积分电路(由电位器 R_{W1} 和电容器 C_2 组成)、非门(3)以及单稳态电路所组成,如图 5.80 所示。由于 CC4013(c)的 D_3 端接 V_{DD},因此,在 P_2 点所产生的上升沿作用下,CC4013(c)翻转,翻转后 $\overline{Q_3}=0$,由于开机置"0"时或门(1)见图 5.81,输出的正脉冲将 CC4013(c)的 Q_3 端置"0",因此 $\overline{Q_3}=1$,经二极管 2AP9 迅速给电容 C_2 充电,使 C_2 二端的电压达"1"电平,而此时$\overline{Q}_3=0$,电容器C_2经电位器R_{W1}缓慢放电。当电容器C_2上的电压放电降至非门(3)的阈值电平V_T时,非门(3)的输出端立即产生一个上升沿,触发下一级单稳态电路。此时,P_3点输出一个正脉冲,该脉冲宽度主要取决于时间常数R_tC_t的值,延时时间为上一级电路的延时时间及这一级延时时间之和。

由实验求得,如果电位器R_{W1}用510 Ω的电阻代替,C_2取3 μF,则总的延迟时间也就是显示器所显示的时间为3 s左右。如果电位器R_{W1}用2 MΩ的电阻取代,C_2取22 μF,则显示时间可达10 s左右。可见,调节电位器R_{W1}可以改变显示时间。

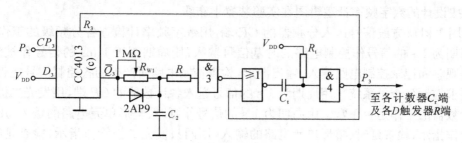

图 5.80　延时电路

4. 自动清零电路

P_3点产生的正脉冲送到图5.81所示的或门组成的自动清零电路,将各计数器及所有的触发器置零。在复位脉冲的作用下,$Q_3=0$,$\overline{Q}_3=1$,于是$\overline{Q}_3$端的高电平经二极管2AP9再次对电容C_2电,补上刚才放掉的电荷,使C_2两端的电压恢复为高电平,又因为CC4013(b)复位后使Q_2再次变为高电平,所以与非门1又被开启,电路重复上述变化过程。

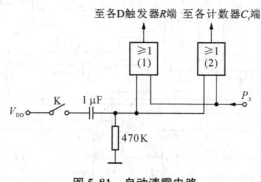

图 5.81　自动清零电路

四、设备与器件

(1) +5V直流电源。

(2) 双踪示波器。

(3) 连续脉冲源。

(4) 逻辑电平显示器。

(5) 直流数字电压表。

(6) 数字频率计。

(7) 主要元、器件(供参考):CC4518(二—十进制同步计数器)4只、CC4553(三位十进制计数器)2只、CC4013(双D型触发器)2只、CC4011(四2输入与非门)2只、CC4069(六反相器)1只、CC4001(四2输入或非门)1只、CC4071(四2输入或门)1只、2AP9(二极管)1只、电位器(1 MΩ)1只、电阻、电容若干。

五、设计报告

以方波信号作为被测信号。画出设计的数字频率计的电路总图并进行组装和调试。

(1) 时基信号通常使用石英晶体振荡器输出的标准频率信号经分频电路获得。为了实验调试方便,可用实验设备上脉冲信号源输出的1 kHz方波信号经3次10分频获得。

(2) 按设计的数字频率计逻辑图在实验装置上布线。

(3) 用1 kHz方波信号送入分频器的CP端,用数字频率计检查各分频级的工作是否正常。用周期为1 s的信号作控制电路的时基信号输入,用周期等于1 ms的信号作被测信号,用示波器观察和记录控制电路输入、输出波形,检查控制电路所产生的各控制信号能否按正确的时序要求控制各个子系统。用周期为1 s的信号送入各计数器的CP端,用发光二极管指示检查各计数器的工作是否正常。用周期为1 s的信号作延时、整形单元电路的输入,用两只发光二极管作指示,检查延时、整形单元电路的输入,用两只发光二极管作指示,检查延时、整形单元电路的工作是否正常。若各个子系统的工作都正常了,再将各子系统连起来统调。

调试合格后,写出设计报告。

注:若测量的频率范围低于1 MHz,分辩率为1 Hz,建议采用如图5.82所示的电路,只要选择参数正确,连线无误,通电后即能正常工作,无需调试。有关它的工作原理留给同学们自行研究分析。

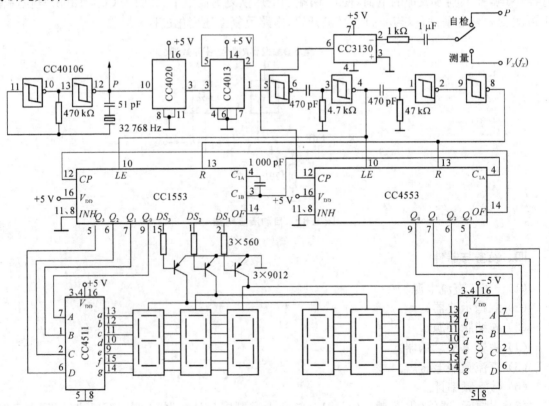

图5.82 0~999 999 Hz数字频率计线路图

第六章 电子工艺介绍

6.1 PCB 板简介

PCB(Printed Circuit Board),中文名称为印制电路板,又称印刷电路板,是重要的电子部件,是电子元器件的支撑体,是电子元器件电气连接的提供者。

6.1.1 PCB 的分类

根据电路层数进行分类,主要分为单面板、双面板和多层板。

1. 单面板

单面板(Single-Sided Boards)为最基本的 PCB 上,零件集中在其中一面,导线则集中在另一面上,由于导线只出现在其中一面,故这种 PCB 板称作单面板。但是因为单面板在设计线路上有许多严格的限制,所以只有早起的电路或者简单电路才使用这类的板子。

2. 双面板

双面板(Double-Sided Boards)这种电路板的两面都可以布线,不过要用上两面的导线,必须要在两面间有适当的电路连线才行,这种电路间的"桥梁"叫做导孔。导孔是在 PCB 上,充满或涂上金属的小孔。它可以与两面的导线相连接,因为双面板的面积比单面板大了一倍,而且因为布线可以相互交错,它更适合用在比单面板更复杂的电路上。

3. 多层板

多层板(Multi-Layer Boards)为了增加可以布线的面积,多层板上用了更多单或双面的布线板。用一块双面做内层、两块单面做外层或两块双面做内层、两块单面做外层的印刷线路板,通过定位系统及绝缘粘结材料交替在一起且导电图形按设计要求进行互连的印刷线路板成为四层、六层印刷电路板了,也称为多层印刷线路板。

6.1.2 PCB 制作工艺流程

PCB 制作工艺根据导体图形的层数不同,其制作工艺流程也有相应的区别。

(1)单面板制作流程:下料→丝网漏印→腐蚀→去除印料→孔加工→印标记→涂助焊剂→成品。

(2)多层印制板的工艺流程:内层材料处理→定位孔加工→表面清洁处理→制内层走线及图形→腐蚀→层压前处理→外内层材料层压→孔加工→孔金属化→制外层图形→镀耐腐蚀可焊金属→去除感光胶→腐蚀→插头镀金→外形加工→热熔→涂助焊剂→成品。

6.2 手工焊接

6.2.1 手工焊接方法

1. 焊接的基本知识

(1) 焊接是使金属连接的一种方法,是电子产品生产中必须掌握的一种基本操作技能。现代焊接技术主要分为下列三类:

熔焊:是一种直接熔化母材的焊接技术。

钎焊:是一种母材不熔化,焊料熔化的焊接技术。

接触焊:是一种不用焊料和焊剂,即可获得可靠连接的焊接技术。

(2) 焊料、焊剂和焊接的辅助材料。

焊料是一种熔点低于被焊金属,在被焊金属不熔化的条件下,能润湿被焊金属表面,并在接触面处形成合金层的物质。

电子产品生产中,最常用的焊料称为锡铅合金焊料(又称焊锡),它具有熔点低、机械强度高、抗腐蚀性能好的特点。

焊剂是进行锡铅焊接的辅助材料。

焊剂的作用:去除被焊金属表面的氧化物,防止焊接时被焊金属和焊料再次出现氧化,并降低焊料表面的张力,有助于焊接。

常用的助焊剂有:无机焊剂、有机助焊剂、松香类焊剂。

锡铅合金焊料的有多种形状和分类。其形状有粉末状、带状、球状、块状和管状等几种。手工焊接中最常见的是管状松香芯焊锡丝。这种焊锡丝将焊锡制成管状,其轴向芯内是优质松香添加一定的活化剂组成的。

(3) 锡焊的基本过程。

锡焊是使用锡铅合金焊料进行焊接的一种焊接形式。其过程分为下列三个阶段:

① 润湿阶段(第一阶段);

② 扩散阶段(第二阶段);

③ 焊点的形成阶段(第三阶段)。

(4) 锡焊的基本条件。

① 被焊金属应具有良好的可焊性;

② 被焊件应保持清洁;

③ 选择合适的焊料;

④ 选择合适的焊剂;

⑤ 保证合适的焊接温度。

2. 手工烙铁焊接作业顺序

(1) 清洗海绵,至海绵表面洁净,无明显焊锡、松香残渣。

(2) 检查选择烙铁嘴是否合适,较为通用的烙铁嘴是 B 型烙铁嘴。

(3) 将烙铁温度设置到所需温度(通常在 310~400℃之间,CHIP 元件设置温度可以在 260~300℃之间)。

（4）加热指示灯开始闪烁或可充分熔化锡丝时，便可开始焊接作业。

（5）将烙铁嘴接触焊接物件（PCB 焊盘与被焊元件脚）进行加热。

（6）送锡丝致被焊接部位，使得焊锡丝开始熔化并经过 2～4 秒钟形成合金层。

（7）拿走锡丝。

（8）沿 45℃角移开烙铁，待合金层冷却凝固，方可触动焊接物件否则易导致虚焊。

（9）用完烙铁时加锡丝保护烙铁嘴防止氧化，关闭烙铁电源。

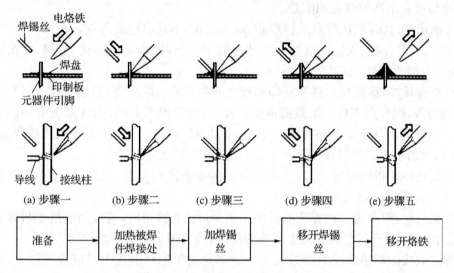

图 6.1 手工烙铁焊接作业顺序图

对印制板上的电子元器件进行焊接时，一般选择 20 W～35 W 的电烙铁；每个焊点一次焊接的时间应不大于 3 秒钟。

3. 拆焊

一般电阻、电容、晶体管等管脚不多，且每个引线能相对活动的元器件可用烙铁直接拆焊。将印制板竖起来夹住，一边用烙铁加热待拆元件的焊点，一边用镊子或尖嘴钳夹住元器件引线轻轻拉出，如图 6.2 所示。重新焊接时，需先用锥子将焊孔在加热熔化焊锡的情况下扎通。需要指出的是，这种方法不宜在一个焊点上多次用，因为印制导线和焊盘经反复加热后很容易脱落，造成印制板损坏。

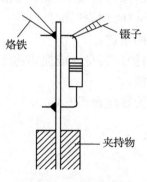

图 6.2 拆焊示意图

6.2.2　焊接质量判断

手工焊接对焊点的要求是:

(1) 电连接性能良好。

(2) 有一定的机械强度。

(3) 光滑圆润。

造成焊接质量不高的常见原因是:

(1) 焊锡用量过多,形成焊点的锡堆积;焊锡过少,不足以包裹焊点。

(2) 冷焊。焊接时烙铁温度过低或加热时间不足,焊锡未完全熔化、浸润、焊锡表面不光亮(不光滑),有细小裂纹(如同豆腐渣一样!)。

(3) 夹松香焊接,焊锡与元器件或印刷板之间夹杂着一层松香,造成电连接不良。若夹杂加热不足的松香,则焊点下有一层黄褐色松香膜;若加热温度太高,则焊点下有一层碳化松香的黑色膜。对于有加热不足的松香膜的情况,可以用烙铁进行补焊。对于已形成黑膜的,则要"吃"净焊锡,清洁被焊元器件或印刷板表面,重新进行焊接才行。

(4) 焊锡连桥。指焊锡量过多,造成元器件的焊点之间短路。这在对超小元器件及细小印刷电路板进行焊接时要尤为注意。

(5) 焊剂过量,焊点明围松香残渣很多。当少量松香残留时,可以用电烙铁再轻轻加热一下,让松香挥发掉,也可以用蘸有无水酒精的棉球,擦去多余的松香或焊剂。

(6) 焊点表面的焊锡形成尖锐的突尖。这多是由于加热温度不足或焊剂过少,以及烙铁离开焊点时角度不当造成的。

6.2.3　焊接注意事项

手工焊接工具为电烙铁,鉴于电烙铁可能导致灼伤或火患,为避免损坏烙铁台及保持作业环境及个人安全,应遵守以下事项:

(1) 切勿触及烙铁头附近的金属部分。

(2) 切勿在易燃物体附近使用烙铁。

(3) 更换部件或安装烙铁头时,应关闭电源,并待烙铁头温度到室温。

(4) 切勿使用烙铁进行焊接以外的工作。

(5) 切勿用烙铁敲击工作台以清除焊锡残余,此举可能震损烙铁发热芯。

(6) 切勿擅自改动烙铁,更换部件时用原厂配件。

(7) 切勿弄湿烙铁或手湿时使用烙铁。

(8) 使用烙铁时,不可作任何可能伤害身体或损坏物体的举动。

(9) 休息时或完工后应关闭电源。

(10) 使用完烙铁后要洗手,因为锡丝含铅有毒。

附　录

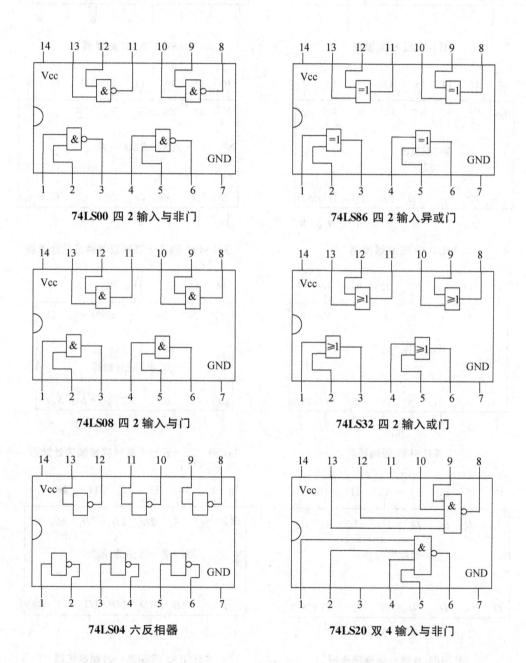

74LS00 四 2 输入与非门　　　74LS86 四 2 输入异或门

74LS08 四 2 输入与门　　　74LS32 四 2 输入或门

74LS04 六反相器　　　74LS20 双 4 输入与非门

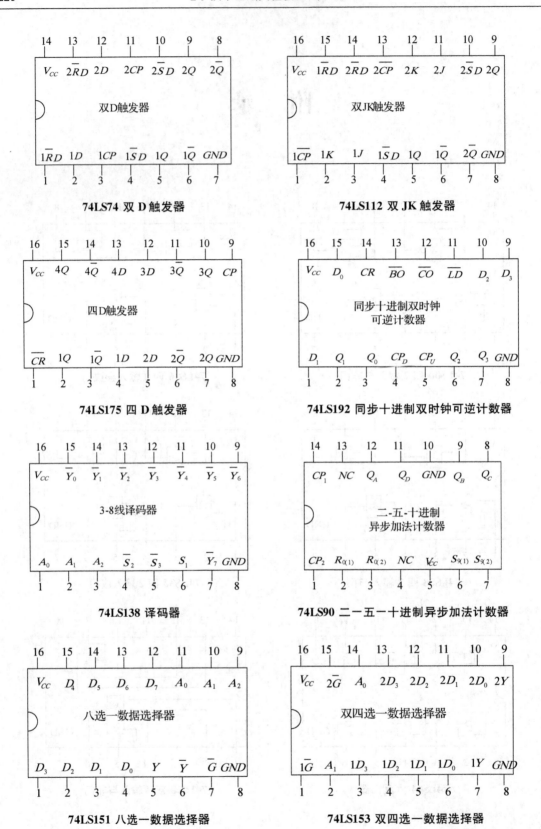

74LS74 双 D 触发器

74LS112 双 JK 触发器

74LS175 四 D 触发器

74LS192 同步十进制双时钟可逆计数器

74LS138 译码器

74LS90 二一五一十进制异步加法计数器

74LS151 八选一数据选择器

74LS153 双四选一数据选择器

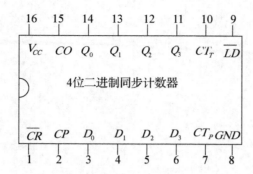

74LS161 4 位二进制同步计数器

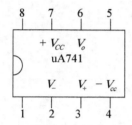

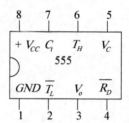

uA741 运算放大器　　　　　555 时基电路